インプレスR&D [NextPublishing] 技術の泉 SERIES
E-Book / Print Book

Visual Studio Code
デバッグ技術

森下 篤 著

Visual
Studio
Code
Debuging

14の言語と環境のデバッグ方法を
それぞれ実例付きで解説

目次

はじめに	7
ソースコードと調査結果	7
免責事項	7
表記関係について	7
底本について	8

第1章	デバッグ機能とは	9
1.1	VSCode（Visual Studio Code）について	9
1.2	デバッグ機能とは	10
1.3	デバッガを実現するためには	10
1.4	GDB（GNU デバッガ）	10
1.5	VSCode のデバッグ機能のアーキテクチャ	11

第2章	Debugger UI	13
2.1	画面構成	13
2.2	Debug メニュー	14
2.3	ブレークポイント	15
2.4	ステップ実行	17
2.5	データインスペクション	18
2.6	コールスタック	19
2.7	デバッグコンソール	19
2.8	読み込み済みのスクリプト	20
2.9	コードレンズ	20
2.10	launch.json	20
2.11	マルチターゲットデバッグ	23
2.12	デバッグ実行における標準キーボードショートカット	23

第3章	デバッグフレームワーク	24
3.1	package.json の実装	25
3.2	DebugSession の実装	26
3.3	初期化要求の実装	27
3.4	ブレークポイント要求の実装	28
3.5	停止イベントの通知	29
3.6	スタックトレース要求の実装	30
3.7	変数要求の実装	31

3.8	ステップ実行の実装	32
3.9	デバッグコンソールの実装	33
3.10	デバッグプロトコルを総覧して	33

第4章 各言語のデバッグの機能調査 35

第5章 Go 37

5.1	Goとは	37
5.2	デバッグ機能リスト	37
5.3	環境構築	38
	MacOS	38
	Windows	39
	Linux(Ubuntu 18.04)	39
	GO_PATHをプロジェクトごとに設定している場合	39
5.4	単体テストのデバッグ	39
5.5	実行ファイルのデバッグ	41
5.6	実行中プロセス、リモートプロセスへのアタッチ	42

第6章 Google App Engine Go 44

6.1	Google App Engineとは	44
6.2	環境構築	44
6.3	Local Development Serverのデバッグ	45

第7章 Node.js: JavaScript and TypeScript for Server-Side 47

7.1	Node.js、JavaScriptとは	47
7.2	デバッグ機能リスト	47
7.3	環境構築	48
7.4	単体テスト(Mocha)のデバッグ	49
7.5	単体テスト(Jasmine)のデバッグ	50
7.6	実行ファイルのデバッグ	51
7.7	実行中のプログラムへのアタッチ	52
7.8	リモートマシンのプロセスへのアタッチ	53
7.9	TypeScriptのデバッグ	54
	TypeScriptのインストール	55
	設定ファイル tsconfig	55
	launch.json	57
	デバッグの実行方法	57
	TypeScriptでのデバッグができない場合	57

第8章 Chrome: JavaScript and TypeScript for Web Front-End 59

8.1	Web Front-End とは ···	59
8.2	デバッグ機能リスト ···	62
8.3	Chrome ブラウザを起動するデバッグ ·······························	63
8.4	起動済みの Chrome ブラウザへのアタッチ ·························	63
8.5	webpack を適用した場合のデバッグ ··································	64
8.6	TypeScript と webpack の組み合わせのデバッグ ··················	66

第9章 React: JavaScript and TypeScript for SPA ························· 70

9.1	React とは ···	70
9.2	ES2015 モジュールとして作成した場合のデバッグ ·················	73
	環境構築 ··	73
	ディレクトリー構成 ··	74
	ビルドタスク ··	74
	デバッグ ··	75
9.3	TypeScript を利用した場合のデバッグ ······························	76
	tsx ファイル ··	76
	環境構築 ··	78
	ディレクトリー構成 ··	79
	ビルドタスク ··	80
	デバッグ ··	80

第10章 Electron: JavaScript and TypeScript for PC Appliction ········ 82

10.1	Electron とは ··	82
10.2	デバッグ機能リスト ···	82
10.3	環境構築 ··	83
10.4	メインプロセスのデバッグ ···	83
10.5	レンダラープロセスへのアタッチ ·······································	84
10.6	メインプロセスへのアタッチ ···	85

第11章 C/C++ ··· 86

11.1	C/C++ とは ···	86
11.2	デバッグ機能リスト ···	86
11.3	環境構築 ··	87
	MacOS ···	87
	Windows ···	87
	Linux(Ubuntu 18.04) ···	87
11.4	デバッグ関連の gcc のオプション ······································	88
11.5	単体テスト (CUnit) のデバッグ ···	88
11.6	実行ファイルのデバッグ ··	90
	MacOS、Linux の場合 ··	91
	Windows の場合 ··	92
11.7	実行中プロセスへのアタッチ ···	92

11.8	Windows Subsystem Linux(WSL)でのデバッグ	93
11.9	リモートマシン (Linux)でのデバッグ	94
11.10	リモートマシン (Linux)へアタッチする	97

第12章	Python	100
12.1	Pythonとは	100
12.2	デバッグ機能リスト	100
12.3	環境構築	101
12.4	単体テスト (unittest)のデバッグ	101
	コードレンズを使う場合	102
	launch.jsonを使う場合	104
12.5	実行ファイルのデバッグ	105
12.6	リモートプロセスへのアタッチ	106

第13章	Ruby	108
13.1	Rubyとは	108
13.2	デバッグ機能リスト	108
13.3	環境構築	109
	MacOS	109
	Windows	110
	Linux(Ubuntu 18.04)	110
	Ruby 1.8.x、1.9.xを使用する場合	110
13.4	単体テストのデバッグ	110
13.5	実行プログラムのデバッグ	111
13.6	リモートプロセスへのアタッチ	112

第14章	Ruby on Rails	113
14.1	Ruby on Railsとは	113
14.2	環境構築	113
14.3	ローカル環境でのデバッグ	113
14.4	リモートサーバーへのデバッグ	114

第15章	PHP	115
15.1	PHPとは	115
15.2	デバッグ機能リスト	116
15.3	環境構築	117
	MacOS	117
	Windows	119
	Linux(Ubuntu 18.04)	119
15.4	ローカルマシンのPHPへのアタッチ	120

15.5 リモートマシンのPHPへのアタッチ ･･･ 121

第16章 Java ･･･ 123

16.1 Javaとは･･･ 123

16.2 デバッグ機能リスト ･･･ 124

16.3 環境構築 ･･･ 124

16.4 単体テスト(junit)のデバッグ ･･･ 125

16.5 実行プログラムのデバッグ ･･･ 126

16.6 リモートプロセスへのアタッチ ･･･ 127

第17章 C# (.NET Core) ･･ 129

17.1 C#、.NET Coreとは ･･･ 129

17.2 デバッグ機能リスト ･･･ 130

17.3 環境構築 ･･･ 131

17.4 単体テスト(XUnit)のデバッグ ･･･ 131

17.5 実行プログラムのデバッグ ･･･ 132
　　　プロジェクトのディレクトリーを直接VSCodeで開く方法 ････････････････････････････ 132
　　　プロジェクトのディレクトリーがサブディレクトリーの場合の方法 ･･････････････････ 132

17.6 ASP.NET Coreのデバッグ ･･･ 133

17.7 リモートプロセスへのアタッチ ･･･ 136
　　　トラブルシューティング ･･･ 138

第18章 Bash: シェルスクリプト ･･･ 140

18.1 Bash、シェルスクリプトとは ･･ 140

18.2 デバッグ機能リスト ･･･ 141

18.3 環境構築 ･･･ 142
　　　MacOS ･･･ 142
　　　Linux(Ubuntu 18.04)･･ 142
　　　Windows ･･ 142

18.4 実行ファイルのデバッグ ･･･ 142

おわりに ･･･ 145

6 ｜ 目次

はじめに

　本書を手に取っている方は Visual Studio Code（以降、本書内では VSCode と表記）を使用または使用を検討されている方々だと思う。数あるエディターの中から VSCode を選ぶ理由として挙げられるのは、VSCode がデバッグ機能を持っていることである。しかし、デバッグ機能を使うためには設定ファイルへの記述が必要であり、その記述の方法も言語とプラットフォームごとに異なり簡単ではない。本書は VSCode のデバッグの仕組みを解説し、各言語、プラットフォームそれぞれにおける設定ファイルの記述の仕方を解説する。この本が VSCode でデバッグをする上での助けになればと思う。

　第1章では、VSCode におけるデバッグ機能の立ち位置について解説する。第2章では、VSCode のデバッグ機能のユーザーインターフェースについて解説する。第3章では、VSCode がデバッグ機能を実現する仕組みを解説する。第4章以降は、各言語、プラットフォームでの、デバッグ機能の性能及び、設定ファイルの記述の仕方を解説する。

ソースコードと調査結果

　4章以降において、OS 毎に VSCode の環境構築方法、及び個別の実行方法についても調査し、記述している。また実行対象ごとに、デバッグ実行の設定ファイルである.vscode/launch.json の記述の例を掲載している。この結果や、調査に使用したソースコード及び結果は次のリポジトリででで公開している。誤りや、拡張機能の更新による機能向上が見られる場合などあれば、GitHub 上で指摘をお願いしたい。また各言語、プラットフォームについて、著者は自分の専門ではない対象についても記述している。コードの間違いや、スタンダードではない部分が含まれている可能性があるので、コード中に問題があれば GitHub で指摘をお願いしたい。

　https://github.com/74th/vscode-debug-specs

免責事項

　本書に記載された内容は、情報の提供のみを目的としています。したがって、本書を用いた開発、製作、運用は、必ずご自身の責任と判断によって行ってください。これらの情報による開発、製作、運用の結果について、著者はいかなる責任も負いません。

表記関係について

　本書に記載されている会社名、製品名などは、一般に各社の登録商標または商標、商品名です。会社名、製品名については、本文中では©、®、™マークなどは表示していません。

底本について

　本書籍は、技術系同人誌即売会「技術書典4」で頒布されたものを底本としています。

第1章　デバッグ機能とは

1.1　VSCode（Visual Studio Code）について

VSCode は、2015 年に Microsoft が公開したオープンソースのエディターである。Visual Studio と名前がついているが、従来の Visual Studio とはかなり特徴が異なる。

表 1.1: Visual Studio Code と Visual Studio の比較

	Visual Studio	Visual Studio Code
ソフトウェアの種別	プロプライエタリ	オープンソース（MIT）
位置づけ	統合開発環境（IDE）	エディター
開発対象	.NET Framework 等限られたもの	すべて（拡張機能による）
コンパイラ	.NET 等含む	含まない
コード補完	あり	あり（拡張機能による）
デバッグ機能	あり	あり（拡張機能による）
ファイル管理	.NET のプロジェクトファイルに従う	ディレクトリーのみ

従来の Visual Studio が .NET Framework 等の Microsoft が提供するプラットフォーム上で動作するプログラムを開発するための開発環境であったのに対し、VSCode は拡張機能を介することであらゆる言語、プラットフォームに対して Visual Studio と同様の開発環境を実現している。

開発者が Visual Studio などの IDE が得意とするプラットフォームから少しでも離れると、従来は Vim や Emacs と言ったエディターで開発を行っていた。近年、Vim のプラグインの充実や、強力なプラグインシステムを持つ Atom の登場により利便性は高くなっていたが、多くの煩雑なプラグインを使いこなすにはエディター自体の習熟が必要であった。VSCode は、拡張可能な部分について Visual Studio らしさを補う部分のみに絞ることで、高機能ながらスマートな開発環境になっている。特に、ツールを習熟しなくても十分に使える点は、開発ツールの選定を行う立場にとっては非常に都合が良いと言える。

筆者は多くの作業を Vim で行うが、デバッグやコード補完が活用できる Go や Python の開発では、VSCode を利用している。また、筆者は Vim のキーバインドを実現する拡張機能 VimStyle[1] を公開している。そして、業務でも仕事仲間に VSCode を使うように勧めている。

本書では、VSCode のデバッグ機能に絞って解説する。

1.https://github.com/74th/vscode-vim

1.2　デバッグ機能とは

Googleで「デバッグとは」と検索すると、次の答えが表示される。

> 《名・ス他》コンピュータのプログラムの誤り（＝バグ）を見つけ、手直しをすること。デバッギング。虫取り。

本書で扱うデバッグ機能はこの「デバッグ」を支援する機能のことを指す。その中でも、デバッグ機能の中核となるのは、動かしているプログラムを一時中断させ、変数や実行経路を確認しながら、プログラムを動作させることにある。本書では、デバッグ機能を次のように定義する。

・プログラムを、特定の条件において中断（ブレーク）させることができること
・中断したプログラムにおいて、変数の状態を確認できること
・中断したプログラムにおいて、コールスタック（メソッドの呼び出し関係）が確認できること
・中断したプログラムをソースコード上で1行ずつ実行すること（ステップ実行）ができること
このようなデバッグ機能を提供するソフトウェアを「デバッガ」という。

1.3　デバッガを実現するためには

デバッガを実現するためには、その言語のコンパイラやランタイムがステップ実行できる環境を提供していなければならない。最近の言語であれば、登場時からデバッガのAPIを持っていることも多い。また、コンパイル時に動作の効率を代償にしてでも、デバッグに関する情報を付加し、ステップ実行できる状態にするものも多い。

CやGoのようにコンパイルを必要とする言語の場合、ソースコードの1行とコンパイル後の1ステップは必ずしも対応しない。そのため、CやGoのデバッグにおいては、コンパイル時の最適化をオフにするオプションを追加することで、ソースコードに近い状態でデバッグすることができる。

また、コンパイル後のプログラムは、必ずしもソースコードの情報を持っていない。そのため、JavaScriptをブラウザで実行できる形式にまとめるwebpackなどでは、コンパイル時に元のソースとの対応を示すソースマップを追加する機能を持っている。

本書ではVSCodeでデバッグ機能の性能を示していくが、デバッグの機能の多くは、その言語のコンパイラや実行環境が提供しており、その支援で成り立っている事を忘れてはならない。

1.4　GDB（GNUデバッガ）

デバッガを実現するソフトウェアとして最も有名なものは、GNUの一つであるGDB（GNUデバッガ）である。GDBはCUIで、主にC、C++のプログラムに対して、デバッグ機能を実現するソフトウェアである。GDBのコマンドの一例を挙げる。

表 1.2: GDB のコマンド例

コマンド	説明
break source.c:10	source.c の 10 行目にブレークポイントを設定する
print var	変数 var の中身を出力する
backtrace	すべてのスタックトレースを出力する
next	ステップ実行する

　このように、GDBは前節で挙げたデバッグ機能を全て持っている。しかし、GDBはCUIであり（GDBにはTUIモードもあるが）、ソースコードの編集とは全く別に行われる。現代のデバッグ作業においては、ソースコードを閲覧しながら、マウスを用いてブレークポイントの設定などを行うのが一般的である。GDBを視覚的に操作できるフロントエンドとして、DDD（Data Display Debugger）がある。DDDの画面を次のように示す。

図 1.1: DDD（Data Displey Debugger）の画面

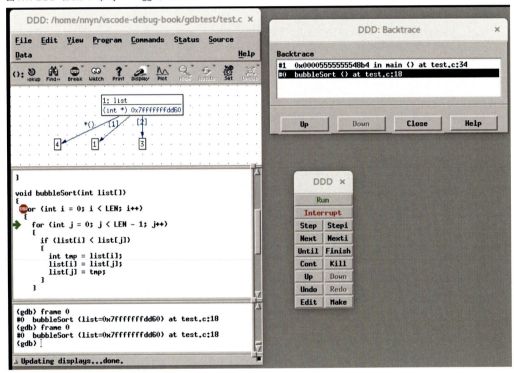

　DDDはGDBにあるコマンドをGUIのボタンで利用者に提供し、またブレークポイントの設定をソースコードのクリック操作で可能にする。このように、GNUのデバッガは、GDBとDDDで、CUIとGUIで機能を分けて提供されている。

1.5　VSCodeのデバッグ機能のアーキテクチャ

　VSCodeは言語ごとに拡張機能を用意することで、多くの言語、プラットフォームにデバッグ機

能を提供する。このデバッグ機能のアーキテクチャの概要図を次のように引用する[2]。

図1.2: VSCodeのデバッグ機能のアーキテクチャ

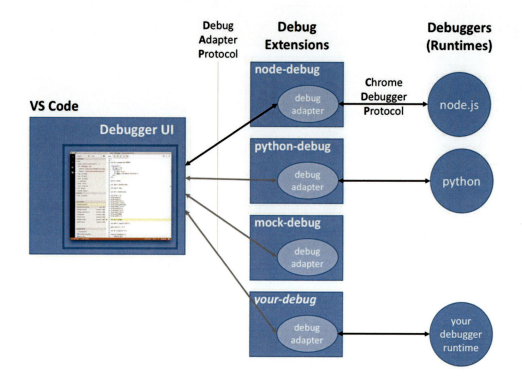

　デバッグ機能は、"Debugger UI"、"Debug Adapter"、"Debugger"の階層に分かれている。"Debugger UI"はVSCodeのすべての言語に共通して提供するUIである。各言語の拡張機能は"Debug Adapeter"を作成することで、各々の言語が提供するデバッガと"Debugger UI"を接続し、デバッグ機能を利用できるようにする。GNUのDDDに相当するものが、"Debugger UI"と"Debug Adapter"であり、GDBはVSCodeでも"Debugger"として利用される。

　共通の"Debugger UI"と各"Debug Adapter"を繋ぐ部分は、"Debug Adapter Protocol"として定義されている。各拡張機能は、この"Debug Adapter Protocol"に従って実装されている。

　第2章では"Debugger UI"が持つ機能について説明し、第3章では"Debug Adapter"と"Debug Adapter Protocol"について説明する。

2.https://code.visualstudio.com/docs/extensionAPI/api-debugging

第2章　Debugger UI

　本章では、VSCodeのDebugger UIについて、すべての機能を網羅して説明する。しかし、本章に示す機能は、言語、プラットフォームによっては利用できないものもあるため注意してほしい。
　Debugger UIに関する公式のテキストはVSCodeのWebサイト[1]にある。

2.1　画面構成

　デバッグ画面に入るには、左のタブの虫のマークを選ぶ。

図2.1: タブのデバッグボタン

　デバッグ画面の構成と、各ボタンの詳細を次のように示す。

1.https://code.visualstudio.com/docs/editor/debugging

図 2.2: デバッグ画面

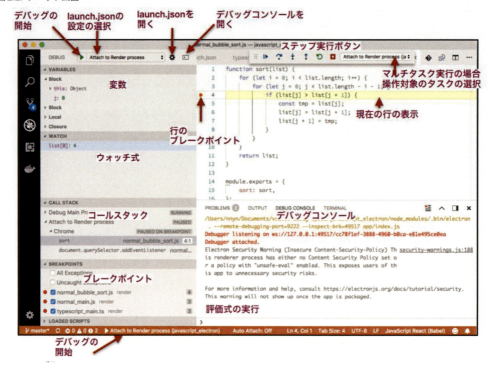

この画面の各機能について、説明する。

2.2 Debugメニュー

デバッグ機能の利用には、上に示した画面の操作でほぼ可能であるが、メニューバーの中のデバッグの項目から操作することも可能である。

日本語のメニューと英語のメニューを掲載する。

図 2.3: メニュー

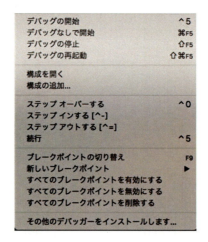

2.3 ブレークポイント

ブレークポイントには次の5種類が設定可能である。

1．行
2．列Column（行の部分）
3．条件Condition（評価式Expressionと、通過回数Hit Count）
4．関数Function
5．その他、すべての例外など言語特有のブレークポイント

1.は行の左端をクリックすることで、設定可能である。

Shift+F9キーを押す、もしくはメニューバーからDebug→New Breakpoint→Column Breakpointを押すことで、2.の行の部分の式の列Columnブレークポイントが設定可能である。

行の左端をサブボタン（右ボタン）でクリックすることで、3.の条件を指定するブレークポイントが設定可能である。条件ブレークポイントが設定された行は、！マーク、もしくは＝マークが付く。

図2.4: ブレークポイント列をサブボタン（右ボタン）でクリックした時

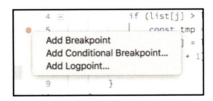

図2.5: 条件ブレークポイントを設定した時

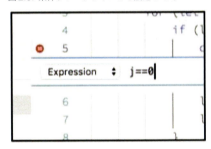

図 2.6: ヒットカウントを設定した時

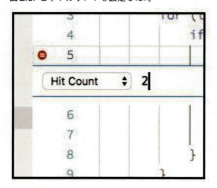

また、Logpoint を使うことで、この行を通過したときに特定のメッセージを出力させることができる。PrintDebug の代わりに使うことができる。

図 2.7: Logpoint の設定

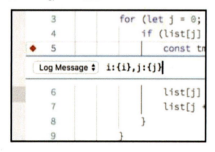

図 2.8: Logpoint が出力するメッセージ

そのソースコードに相当するバイナリが読まれていないなど、ブレークポイントの設定が不可能な時には、マークが灰色で表示される。

左側のブレークポイント BREAKPOINTS のペインでは、個別のブレークポイントのオンオフや、ブレークポイントの一括のオンオフもしくは削除、そして 4. の関数 Function ブレークポイントの設定ができる。5. の例外など言語特有のブレークポイントの設定も、このペイン中で設定する。

図 2.9: ブレークポイント BREAKPOINTS ペイン

関数 Function ブレークポイントや、例外 Exception ブレークポイントが言語によって設定できない、追加はできるが、文字が灰色で表示される。

また、条件ブレークポイント、Logpoint とヒットカウントを同一の行に設定したい場合、設定画面のドロップダウンを変更することで、複数設定することが可能である。

図 2.10: 同一行への異なるブレークポイントの設定

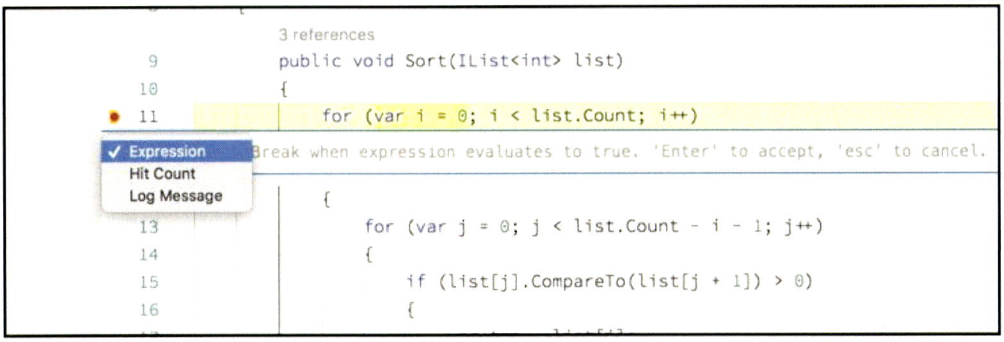

行の途中で Shift+F9 を押すことで、列 Column ブレークポイントが設定できる（何故かマウスでは設定できない）。

図 2.11: 列 Column ブレークポイント

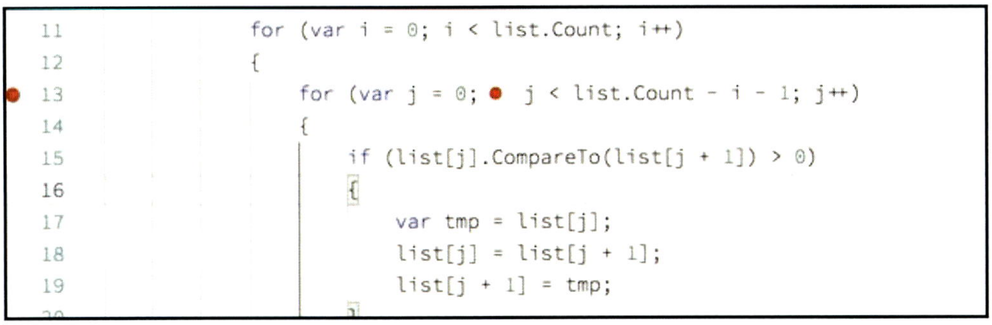

2.4 ステップ実行

ブレークポイントで停止し、その後プログラムを1行1行実行していくことをステップ実行とい

う。このステップ実行の動作を決定するボタンは、画面上部にまとまっている。

図2.12: ステップ実行のボタン

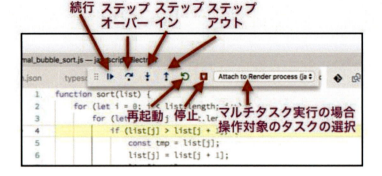

左の4つのボタンは次のようにステップ実行の機能を持つ。
・続行 Continue(F5): 次のブレークポイントまで進む。
・ステップオーバー Step Over(F10): 現在の行を実行し、次の行に進む。
・ステップイン Step Into(F11): 現在の行の実行が関数の場合、その中に進む。
・ステップアウト Step Out(Shift+F11): 現在実行中の関数を抜けるまで実行する。

右の3つのボタン（さらに中断のボタンが含まれることもある）はデバッグ実行全体に関する機能を持つ。
・再起動 Restart(Cmd(Ctrl)+Shift+F5): デバッグを再起動する。
・停止 Stop(Shift+F5): デバッグを終了する。
・中断 Pause(F6): ステップ実行のため、停止させる。言語によって有効な場合、表示される。
・実行タスクの切り替え

対応する拡張機能がなかったため確認はできなかったが、VSCode上は次の機能も有する。
・ステップバック Step Back: ステップ実行において、一つ前のステップに戻る。
・移動 Move To: ステップを任意の場所に移動する。
・逆行 Reverse Continue: ステップ実行において、一つ前のブレークポイントにロールバックする。

2.5 データインスペクション

ステップ実行でプログラムが停止している時、各変数の値を確認したり更新したりすることを、データインスペクションという。変数VARIABLESのペインと、ウォッチ式WATCHのペイン、またはコード中の変数にマウスオーバーした時のポップアップがこの機能を持つ。

変数VARIABLESのペインは、現在選択されているタスク、コールスタックにおける、変数の値の中身を確認することができる。対象の変数がクラス、構造体等の場合、ツリー形式で各プロパティの詳細を見ることができる。言語によっては、変数VARIABLESのペインで値を書き換えることができる。また、ソースコード中の変数にマウスオーバーした時に、ポップアップでその変数の中身を表示する機能を持つ拡張機能もある。

ウォッチ式WATCHのペインでは、監視したい変数を入力し、ステップ実行で変数の値の変わる様相を見ることができる。

また、言語によっては変数VARIABLESのペイン内で、データを直接変更することも可能である。

図2.13: 変数VARIABLESペイン

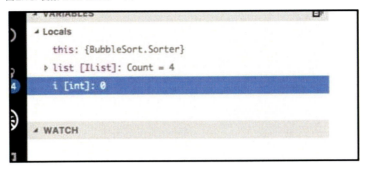

図2.14: 変数VARIABLESペインの項目をクリックした時

2.6 コールスタック

コールスタックCALL STACKのペインでは、現在のタスクのコールスタックを確認することができる。コールスタックのそれぞれの関数によって実行されている変数のスコープが異なるため、ここをクリックすることで変数VARIABLES、ウォッチ式WATCHのペインに表示されるスコープを変更することができる。

2.7 デバッグコンソール

デバッグ時の出力は、出力OUTPUTペインとは異なり、デバッグコンソールDEBUG CONSOLEに表示される。ここには実行可能な評価式を入力する欄があり、変数の中身の確認や変数の書き換えが可能になっている。

ただし、評価式の使用や評価式による変数の書き換えは言語によっては無効となる場合がある。

2.8 読み込み済みのスクリプト

JavaScriptなどでは、現在プログラムで読み込まれているスクリプトを見ることができる、読み込み済みのスクリプトであるLOADED SCRIPTSペインが表示される。

図2.15: 読み込み済みのスクリプトLOADED SCRIPTSペイン

2.9 コードレンズ

デバッグの実行には、デバッグ実行ボタンとコードレンズによる実行の2種類の方法がある。.NET CoreのXUnitや、Goの"*_test.go"ファイルでは、コードの上部にデバッグ実行のボタンが表示される。

図2.16: コードレンズによるデバッグ実行ボタン

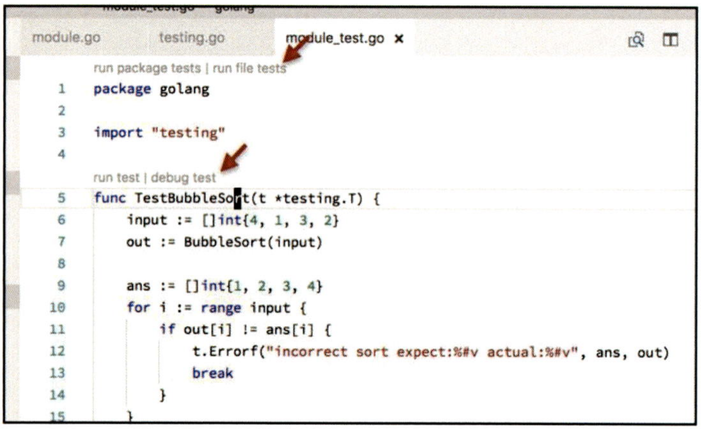

2.10 launch.json

launch.jsonには、デバッグ実行時に必要な設定を記述する。コードレンズによるデバッグ実行以外では、必ずlaunch.jsonへの設定の記述が必要になる。

記述の方法は共通している部分もあるが、多くは各言語、プラットフォーム特有の記述が必要になる。また、ほとんどの拡張機能が記述の手間を省くスニペットを提供しているため、まずはスニ

ペットから対象を選択し、必要な設定を書き加えていくことになる。スニペットは2種類あり、初めてlaunch.jsonを開く時に言語、プラットフォームを選択するものと、launch.jsonの右下をクリックした時に表示されるものがある。

図2.17: launch.json を初めて開く時のスニペット

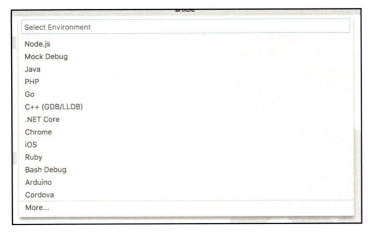

図2.18: launch.json のスニペット

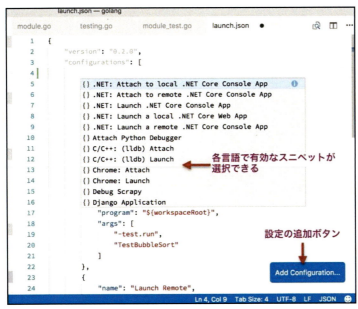

launch.jsonで使用する機能を分ける項目は次の3項目である。
・name: 名称。デバッグ実行時の項目名になる。
・type: デバッグ対象の言語、プラットフォームを選択する。
・request: typeで指定した言語、プラットフォームの中でも、デバッグ実行の方法を選択する。言語特有の設定もあるが、多くの言語は共通してデバッグ対象のプログラムを立ち上げる"launch"、

第2章 Debugger UI   21

実行中のプログラムに接続する"attach"を選択できる。

　提供されているスニペットだけでは機能のすべてを使えないことも多く、その場合はlaunch.jsonを編集する必要がある。本書では、デバッグに活用できるようにlaunch.jsonの例を多く紹介する。

　launch.jsonに記述する項目は、言語、プラットフォームによって異なる。よく使われるのは次の項目である。

- mode: 言語によって、選択できる項目が異なっているが、テストの実行である"test"と、プログラムを起動する"debug"、リモートに接続する"remote"に分かれていることが多い。
- preLaunchTask: タスクTaskで事前に実行するタスクを設定する。多くのケースではビルドタスクを割り当てる。
- internalConsoleOption: デバッグ開始時にデバッグコンソールを開くか否かを設定できる。neverOpen、openOnFirstSessionStart、openOnSessionStartが選択できる。
- program: デバッグ実行するプログラム。
- args: デバッグ実行するプログラムの引数。
- env: デバッグ実行に追加する環境変数。
- cwd: デバッグ実行の際のカレントディレクトリー。
- stopOnEntry: デバッグ実行開始直後からステップ実行を始めるか否か。
- port: リモートデバッグの際の接続ポート。
- host: リモートデバッグの際の接続先ホスト。
- console: 利用するコンソールの種類。専用のデバッグコンソールであるinternalConsoleと、ターミナルが直接使えるintegratedTerminal、また外部ターミナルであるexternalTerminalが選択できる。
- windows、osx、linux: 各プラットフォームの設定。既存の設定を上書きするものと、既存の設定の後ろにつくもの（argsなど）がある。

また、launch.jsonでは、次の変数を使うことが可能である。

- ワークスペースのディレクトリーに関する変数
    - $|workspaceRoot|: フルパス
    - $|workspaceRootFolderName|: ディレクトリー名
- 現在エディターで開いているファイルに関する変数
    - $|file|: フルパス
    - $|relativeFile|: ワークスペースからのパス
    - $|fileBasename|: ファイル名
    - $|fileBasenameNoExtension|: ファイル名から拡張子を除いたもの
    - $|fileDirname|: ディレクトリー名
    - $|fileExtname|: 拡張子
- その他の変数
    - $|cwd|: 事前実行のタスクの起動したディレクトリー
    - $|lineNumber|: デバッグを実行した行番号
    - $|env.NAME|: 任意の環境変数(NAMEは必ず全て大文字の必要がある)

—$|config:Name|: setting.json から引用

この変数の$|file|を使うことで、ソースコードごとに設定を追加しなくても今開いているソースコードを対象に対してデバッグを行うなどの使い方もできる。

2.11 マルチターゲットデバッグ

VSCode では、デバッグを一度に複数起動し、ステップ実行の右端にあるタスク選択メニューで切り替えることができる。

複数のデバッグを実行するためには、単一のデバッグを実行する時と同様に、デバッグの設定の名前を選びデバッグ実行のボタンを押下する。

マルチターゲットデバッグはサーバーサイドとフロントエンドのデバッグを同時に行う時などに有効である。本書では Electron の章で実際に使用する。

2.12 デバッグ実行における標準キーボードショートカット

最後に、デバッグ実行におけるキーボードショートカットを紹介する。

表2.1: デバッグ関連のキーボードショートカット

キー	アクション
Cmd(Ctrl)+Shift+D	デバッグを開く
Cmd(Ctrl)+Shift+Y	デバッグコンソールを開く
F5	デバッグの開始
F9	ブレークポイントの切り替え
Shift+F9	列 Column ブレークポイントの設定
F5	続行 Continue
F10	ステップオーバー StepOver
F11	ステップイン StepInto
F6	中断 Pause
Shift+F11	ステップアウト StepOut
Cmd(Ctrl)+Shift+F5	デバッグを再起動する

第3章 デバッグフレームワーク

VSCodeがデバッグ対象のプログラムにアタッチするまでの模式図を示す。

図3.1: VSCodeと対象プログラム

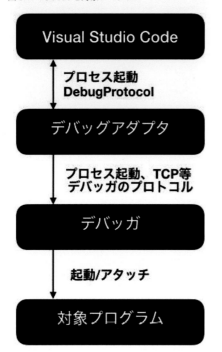

VSCodeのデバッグアダプターのプロセスは、本体のプロセスとは離れ、別プロセスとして設定したプログラムが起動されるようになっている。VSCodeとの通信は標準入出力を介して行われる。この部分のプロトコルは、Node.jsを用いる限りはvscode-debugprotocolというパッケージでDebugProtocolの実装が提供され、それを継承してデバッグアダプターを作ることで、標準入出力の部分を実装せずに作成することができる。このことから現在全てのデバッグアダプターはNode.jsで実装されているように見える。

デバッグUIの機能は前章で述べたが、それを実現するにあたってデバッグアダプターがすべきことをこの章では明らかにする。

DebugProtocolはGitHub[1]に公開されている。

1.https://github.com/Microsoft/vscode-debugadapter-node/blob/master/protocol/src/debugProtocol.ts

3.1　package.jsonの実装

　VSCodeでは、すべての拡張機能において、これはどこに作用する拡張機能であるかを示す、コントリビューションポイントをpackage.jsonに記述する。デバッガの拡張機能の場合は、debuggersの箇所に記述する。Goの拡張機能では、次のようになっている。

リスト3.4: package.json

```json
{
  "name": "Go",
  ~
  "contributes": {
    ~
    "debuggers": [
      {
        "type": "go",
        "label": "Go",

        // ブレークポイントを設定する言語
        "enableBreakpointsFor": {
          "languageIds": [
            "go"
          ]
        },

        // デバッグアダプターのプログラム
        "program": "./out/src/debugAdapter/goDebug.js",
        "runtime": "node",

        // 対象言語
        "languages": [
          "go"
        ],

        // 1ファイル単体のデバッグ実行する際のコマンド
        "startSessionCommand": "go.debug.startSession",

        "configurationSnippets": [
          // launch.jsonのスニペット
          ~
        ],
        "initialConfigurations": [
          // launch.jsonの項目省略時の初期設定値
```

第3章　デバッグフレームワーク　　25

```
      ~
    ],
    "configurationAttributes": {
      // launch.jsonの追加項目
      ~
    }
  }
  ]
  ~
```

launch.jsonには、次のことしか記述されていない。

・対象の言語

・デバッグアダプターとして起動するプログラムのパス (program、runtime)

・launch.jsonの設定

3.2 DebugSessionの実装

DebugProtocolを実現するには、vscode-debugadapterパッケージのDebugSessionを継承したその言語独自のSessionを作成すればよい。例えば、Goのパッケージの場合には次のようになっている。

リスト3.4: goDebug.ts

```
import { DebugSession } from 'vscode-debugadapter';

class GoDebugSession extends DebugSession {
  ~
}

DebugSession.run(GoDebugSession);
```

vscode-debugadapterのパッケージはGitHub[2]で確認できる。

VSCodeとデバッグアダプターのやり取りの概要は次のとおりである。

1．初期化要求initializeRequestで、デバッグアダプターの準備ができたことと、デバッグアダプターの機能の有効無効をVSCodeに通知する。

2．ブレークポイント設定要求setBreakPointRequestで、VSCodeからブレークポイントの情報を受け取る。

3．起動要求launchRequestで、実際にプログラムを起動する。

4．ブレークポイントに来たところで、停止イベントStoppedEventをVSCodeに通知する。

5．VSCodeからのスタックトレース、変数等の要求を捌く。

2.https://github.com/Microsoft/vscode-debugadapter-node

図3.4: スタックトレース要求の引数と戻り値の定義

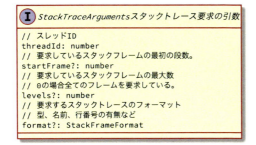
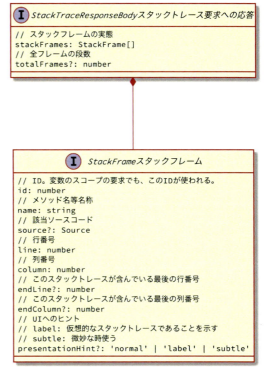

この要求を実装することで、スタックトレースを表示できる。

3.7 変数要求の実装

VSCodeでは、選択したスタックトレースでの変数が表示されている。この変数の要求は、変数要求ValiablesRequestで行われる。

図 3.5: 変数要求 ValidateRequest の定義

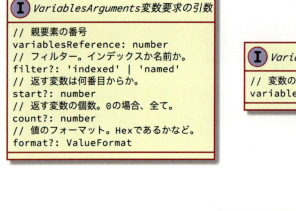
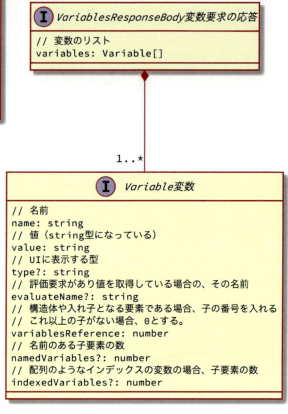

3.8 ステップ実行の実装

BreakPoint で止まっている時に、ユーザーが StepIn や StepOver などの操作を行うと、次のリクエストが送られてくる。

・ステップオーバー StepOver: NextRequest

・ステップイン StepInto: StepInRequest

・ステップアウト StepOut: StepOutRequest

・続行 Continue: ContinueRequest

これらの要求がされた時、デバッグアダプターは所定の量だけプログラムを実行させ、ブレークポイントの時と同じ停止イベントを実行する。

図で表すと、次のようになる。

6．ステップ実行の要求を捌く。

7．終了イベント TerminatedEvent を通知し、終了する。

3.3 初期化要求の実装

最初に、DebugSession の初期化要求 initializeRequest が呼ばれる。ここで、幾つかのデバッグの機能の有効無効を設定する。一つのデバッガの例では、次のようになっている。

リスト3.4: mockDebug.ts 初期化要求 initializeRequest の実装

```
protected initializeRequest(
  response: DebugProtocol.InitializeResponse,
  args: DebugProtocol.InitializeRequestArguments): void {

  // このイベントを発行すると、
  // その後、最初のブレークポイント要求がVSCodeから送られてくる。
  this.sendEvent(new InitializedEvent());

  // デバッグ機能の有効無効を設定する
  response.body.supportsConfigurationDoneRequest = true;
  response.body.supportsEvaluateForHovers = true;
  response.body.supportsStepBack = true;

  // 返答を送信する。
  this.sendResponse(response);
}
```

初期化要求で設定する項目をいくつか抜粋した。これを見ると、VSCodeのデバッグ機能におけるデバッグアダプターへの期待値の高さが伺える。

- supportsConfigurationDoneRequest: 設定完了時のリクエストをサポートするか
- supportsFunctionBreakpoints: 関数 function ブレークポイントをサポートするか
- supportsConditionalBreakpoints: 条件 Condition ブレークポイントをサポートするか
- supportsHitConditionalBreakpoints: 通過回数ブレークポイントをサポートするか
- supportsEvaluateForHovers: データの評価式の実行をサポートするか
- exceptionBreakpointFilters: 例外デバッグのサポート有無を示す
- supportsStepBack: ステップバックをサポートするか
- supportsSetVariable: 変数への値セットをサポートするか
- supportsRestartFrame: フレームリスタートをサポートするか
- supportsGotoTargetsRequest: 指定した行に移動をサポートするか
- supportsStepInTargetsRequest: ステップインをサポートするか
- supportsCompletionsRequest: 補完リクエストをサポートするか

- supportsModulesRequest: モジュールリクエストをサポートするか(それ用の表示があるらしい)
- supportedChecksumAlgorithms: ソースのチェックサムをサポートするか
- supportsRestartRequest: 再起動リクエストをサポートするか
- supportsExceptionOptions: 例外Exceptionブレークポイントをサポートするか
- supportsValueFormattingOptions: スタックトレースや値の評価時のフォーマットのリクエストをサポートするか
- supportsExceptionInfoRequest: 例外情報の表示をサポートするか
- supportTerminateDebuggee: デバッガの強制終了をサポートするか
- supportsDelayedStackTraceLoading: スタックトレースの遅延ログの表示をサポートするか
- supportsLoadedSourcesRequest: 読み込み済みのスクリプトの表示をサポートするか
- supportsLogPoints: LogMessageをサポートするか
- supportsTerminateThreadsRequest: スレッド強制終了をサポートするか
- supportsSetExpression: 評価式の設定をサポートするか
- supportsTerminateRequest: 強制終了をサポートするか

3.4 ブレークポイント要求の実装

initializeRequestの後はブレークポイントの情報がVSCodeから通知される。これには、次のそれぞれのリクエストが、ソースコードのファイル毎に呼ばれる。

- SetBreakpointsRequest: ブレークポイント
- SetFunctionBreakpointsRequest: 関数functionブレークポイント
- SetExceptionBreakpointsRequest: 例外Exceptionブレークポイント
- ConfigurationDoneRequest: 設定完了の通知

デバッグアダプター側は、このリクエストを読み取って、デバッガに送信する。

SetBreakpointsRequestの引数は次のようになっている。

図3.2: ブレークポイント要求 SetBreakpointsRequest の引数の定義

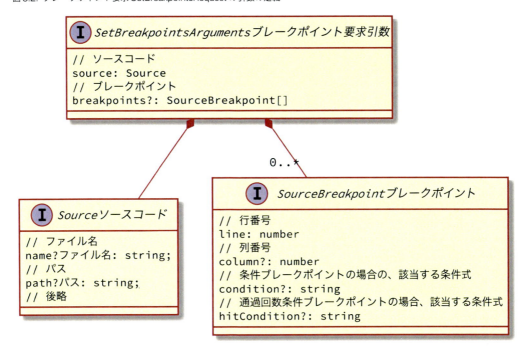

この後、起動要求 launchRequest が呼ばれる。この要求には特筆すべき点はないため、省略する。
　起動後、新しく画面でブレークポイントを設定した場合にも、ブレークポイントイベントが実行される。

3.5　停止イベントの通知

　プログラムがブレークポイントに到達した時、プログラムを停止させてステップ実行に移行したことをVSCodeに通知する必要がある。これは、停止イベントStoppedEventをVSCodeに送ることで実現される。

　この停止イベントStoppedEventの引数は次のようになっている。

図 3.3: 停止イベント StoppedEvent の定義

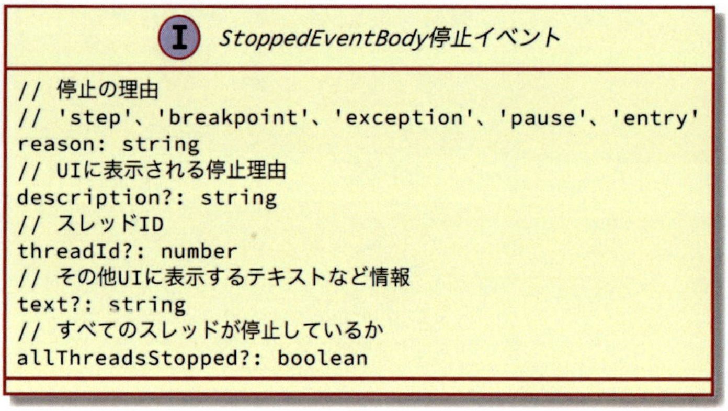

 StoppedEventBody停止イベント

```
// 停止の理由
// 'step'、'breakpoint'、'exception'、'pause'、'entry'
reason: string
// UIに表示される停止理由
description?: string
// スレッドID
threadId?: number
// その他UIに表示するテキストなど情報
text?: string
// すべてのスレッドが停止しているか
allThreadsStopped?: boolean
```

このイベント自体では、停止とその理由のみしか伝えず、どの行で停止しているかは次のスタックトレース要求で行われている。

サンプルのブレークポイント停止イベントの実装を見ても、簡単な情報しか含まれていない。

リスト 3.4: mockDebug.ts ブレークポイント停止イベントの実装例

```
this.sendEvent(new StoppedEvent("breakpoint",
  MockDebugSession.THREAD_ID));
```

3.6 スタックトレース要求の実装

スタックトレース要求の引数と、戻り値を次のように示す。スタックトレースは、複数のスタックフレーム StackFrame からなる。スタックフレームはソースコードの一つの位置を示すものであり、スタックの1段に相当する。

図3.6: ステップ実行

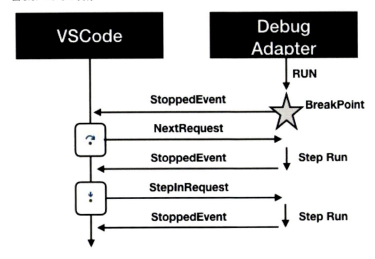

VSCodeでは、次のリクエストもサポートされている

・StepBackRequest：ステップを戻す操作

・ReverseContinueRequest：ブレークポイントまでロールバックする操作

・GotoRequest：ステップを移動する操作

3.9 デバッグコンソールの実装

デバッグコンソールに入力した内容は、評価要求EvaluateRequestで評価される。この要求と応答は次のとおりである。

図3.7: 評価要求

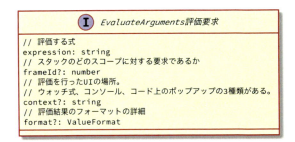
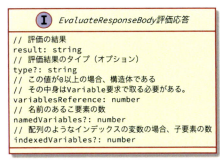

3.10 デバッグプロトコルを総覧して

　以上が、デバッグUIとデバッグアダプターの通信内容である。VSCodeはこのプロトコルを用意することでデバッグアダプターを容易に作成できるようになっている。最近のプログラミング言語は、リリース当初からデバッガを備えているものも多く、その環境に適合するエディターとなって

いる。

　また、VSCodeのもつデバッグプロトコルで多数の言語に対応できることから、デバッグの観点で見た時のプログラミング言語のパラダイムの種類はそれほど多くはないと考えられる。

　しかし、このデバッグプロトコルだけで対応できないと考えられるパラダイムは、いくつかは既に登場している。

・GPUのような超並列計算におけるデバッグ

・FPGAに対するデバッグ

・量子プログラミングに対するデバッグ

　今後、これらによるコンピューティングが一般化し、プログラミングのパラダイムが変わった時に、VSCodeがどのように応えるか、期待している。

第4章　各言語のデバッグの機能調査

　次の章からは、各言語、プラットフォームにおけるデバッグ実行の方法を調査し、その結果を示す。また、それぞれのデバッグに関する機能有無を調査し、次のような一覧で示す。

- OS別
  - MacOS: MacOS High Sierraでデバッグ実行できること
  - Windows: Windows10でデバッグ実行できること
  - Linux: Ubuntu18.04でデバッグ実行できること
- ブレークポイント
  - 行ブレークポイント: 指定の行番号で実行を一時停止できること
  - 関数(Function)ブレークポイント: 指定の関数で実行を一時停止できること
  - 条件(Condition)ブレークポイント: 変数の条件の成立によって実行を一時停止できること
  - 例外(Exception)ブレークポイント: 例外発生時に実行を一時停止できること
  - 未キャッチ例外(Uncaught Exception)ブレークポイント: 未キャッチの例外発生時に実行を一時停止できること
- ステップ実行
  - ステップオーバー(Step Over): ステップ実行ができること
  - ステップイン(Step In): ステップ実行において、関数の内部に進むことができること
  - ステップアウト(Step Out): ステップ実行において、この関数の終了に進むことができること
  - 続行(Continue): ステップ実行をやめ、次のブレークポイントまで進むことができること
  - ステップバック(Step Back): ステップ実行において、一つ前のステップに戻ること
  - 移動(Move To): ステップを任意の場所に移動できること
  - 逆行(Reverse Continue): ステップ実行において、一つ前のブレークポイントにロールバックできること
- 変数
  - 変数(variables): 実行中の関数の変数を確認できること
  - ウォッチ式(watch): 特定の式の結果を表示できること
- コールスタック
  - コールスタック (call stack): コールスタックが確認できること
- 評価式
  - 変数確認のための評価式の実行: 変数を確認する評価式が実行できること
  - 変数変更のための評価式の実行: 変数を書き換えるための評価式が実行できること
- 実行対象
  - 単体テスト: 個別の単体テストをデバッグ実行できること
  - 実行ファイル: 実行ファイルに対してデバッグ実行できること

—リモート: ネットワーク上離れた環境上のプロセスにアタッチしデバッグ実行できること

また、OS毎に環境の構築方法、及び個別の実行方法についても調査し、記述する。また実行対象ごとに、デバッグ実行の設定ファイルである.vscode/launch.jsonの記述の例を載せる。

なお、この結果や、調査に使用したソースコード及び結果はGitHub[1]で公開している。誤りや、拡張機能の更新による機能向上が見られる場合などあれば、GitHub上で指摘をお願いしたい。

また各言語、プラットフォームについて、筆者は自分の専門ではない対象についても記述している。コードの間違いや、スタンダードではない部分が含まれている可能性があるので、コード中に問題があればGitHubで指摘をお願いしたい。

1.https://github.com/74th/vscode-debug-specs

第5章　Go

5.1　Goとは

　次世代のC言語と言われる、シンプルな言語仕様を持ち、並列処理に強い言語である。C言語と異なり、ガベージコレクションが付属してメモリ管理は不要に見えるが、より高速で動作させる場合には適切にメモリの設計ができるようになっている。

　Go自体GDBを用いたデバッグも可能であるが、delveという専用のデバッガを用いた方法を用いる。

　拡張機能の開発元はMicrosoftである。VSCodeを代表する拡張機能になっており、Microsoftはこれを参考にデバッグの拡張機能を作るように勧めている。

　今回デバッグ性能の確認に利用したモジュールのコードを次のように示す。本書では、単純なバブルソートのモジュールのデバッグを行う。

リスト5.1: bubblesorter/bubbleSort.go

```go
package golang

// BubbleSort sorts the list
func BubbleSort(list []int) []int {
  length := len(list)
  for i := 0; i < length; i++ {
    for j := 0; j < length-1-i; j++ {
      if list[j] > list[j+1] {
        list[j], list[j+1] = list[j+1], list[j]
      }
    }
  }
  return list
}
```

5.2　デバッグ機能リスト

- OS別
  - ✓ MacOS
  - ✓ Windows
  - ✓ Linux
- ブレークポイント

— ✓ 行ブレークポイント

— □ 関数(Function)ブレークポイント

— ✓ 条件(Condition)ブレークポイント

・ステップ実行

— ✓ ステップオーバー(Step Over)

— ✓ ステップイン(Step In)

— ✓ ステップアウト(Step Out)

— ✓ 続行(Continue)

— □ ステップバック(Step Back)

— □ 逆行(Reverse Continue)

・変数

— ✓ 変数(variables)

— ✓ ウォッチ式(watch)

・コールスタック

— ✓ コールスタック

・評価式

— ✓ 変数確認のための評価式の実行

— □ 変数変更のための評価式の実行

・実行対象

— ✓ 単体テスト

— ✓ 実行ファイル

— ✓ リモート

5.3 環境構築

MacOS

1. Goをインストールする。Homebrewでインストールできる。

```
brew install go
```

2. ~/go/binをPATHに追加する

3. VSCode上で、拡張機能Goをインストールする。

4. VSCode上で、F1→Go: Install/Update Tools を実行し、全てにチェックを入れて、周辺ツール
   をインストールする。

Windows

1．Goをインストールする。公式サイト[1]に、Windowsのインストーラーがある。

2．%USERPROFILE%\go\binをPATHに追加する。

3．VSCode上で、拡張機能Goをインストールする。

4．VSCode上で、F1→Go: Install/Update Tools を実行し、全てにチェックを入れて、周辺ツールをインストールする。

Linux(Ubuntu 18.04)

1．Goをインストールする。

```
sudo apt install golang-go
```

2．%USERPROFILE%\go\binをPATHに追加する。

3．VSCode上で、拡張機能Goをインストールする。

4．VSCode上で、F1→Go: Install/Update Tools を行い、全てにチェックを入れて、周辺ツールをインストールする。

GO_PATHをプロジェクトごとに設定している場合

プロジェクト毎にGO_PATHを分けて設定している場合、前述の方法ではプロジェクト毎にツールがインストールされてしまう。これを回避するために、ツール用のGO_PATHを設定のgo.toolsGopathに設定することで可能である。

リスト5.2: .vscode/settings.json

```
{
  "go.toolsGopath": "~/go",
}
```

5.4 単体テストのデバッグ

Goは、言語仕様にて単体テストが提供されている。テストコードの例を次のように示す。

リスト5.3: bubblesorter/bubbleSort_test.go

```
package golang

import "testing"

func TestBubbleSort(t *testing.T) {
```

1.https://golang.org/dl/

```go
  input := []int{4, 1, 3, 2}
  out := BubbleSort(input)

  ans := []int{1, 2, 3, 4}
  for i := range input {
    if out[i] != ans[i] {
      t.Errorf("incorrect sort expect:%#v actual:%#v", ans, out)
      break
    }
  }
}
```

コードレンズにて、コード中に実行ボタンが表示される。

図 5.1: コードレンズによる単体テスト実行ボタン

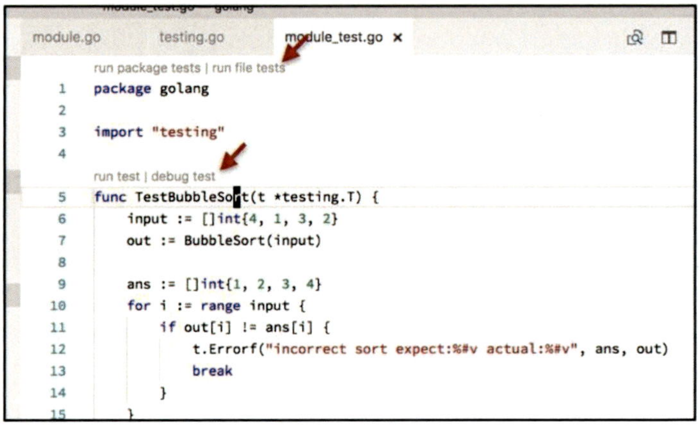

また、同じテストを繰り返す場合、launch.json に記述することもできる。デバッグ実行の追加の
メニューから'Go: Launch test function'を選択することで、スニペットが利用できる。

リスト 5.4: .vscode/launch.json

```json
{
  "version": "0.2.0",
  "configurations": [
    {
      "name": "Launch test function",
      "type": "go",
      "request": "launch",
      "mode": "test",
      // ワークスペースのルートのパッケージ以外のテストを行う場合、
      // program をパッケージのパスに書き換える。
```

40 | 第 5 章 Go

```
        "program": "${workspaceRoot}",
        "args": [
          "-test.run",
          // テストの名称を記述する。
          "TestBubbleSort"
        ]
    }
  ]
}
```

5.5 実行ファイルのデバッグ

Goでは、`package main`としてファイルを作ることで、実行のエントリーポイントとなるプログラムが作成できる。この例を次のように示す。後述するリモートのデバッグのために、遅延実行する処理が組み込まれているが、本来不要な部分である。

リスト5.5: bubblesorter/cmd/bubbleSorter/bubbleSorter.go

```go
package main

import (
  "flag"
  "fmt"
  "os"
  "strconv"
  "time"

  module "github.com/74th/vscode-debug-specs/golang"
)

func main() {
  var sleepSec int
  flag.IntVar(&sleepSec, "sleep", 0, "sleep second")
  flag.Parse()
  time.Sleep(time.Duration(sleepSec) * time.Second)

  if flag.NArg() == 0 {
    fmt.Printf("bubbleSorter 3 2 1 ...")
    os.Exit(1)
  }
```

```go
	in := []int{}
	for _, arg := range flag.Args() {
		n, err := strconv.Atoi(arg)
		if err != nil {
			fmt.Printf("parse error %s", arg)
			os.Exit(1)
		}
		in = append(in, n)
	}
	out := module.BubbleSort(in)
	for _, n := range out {
		fmt.Printf("%d ", n)
	}
	fmt.Println()
}
```

このプログラムをデバッグ実行する場合には、launch.jsonにて、programに指定する。また、デバッグ実行の追加のメニューから'Go: Launch package'を選択してスニペットを利用できる。

リスト5.6: .vscode/launch.json

```json
{
	"version": "0.2.0",
	"configurations": [
		{
			"name": "Launch Package",
			"type": "go",
			"request": "launch",
			"mode": "debug",
			// パッケージのパス、もしくは、*.goファイルを指定する
			"program": "${workspaceRoot}/cmd/bubbleSorter"
		}
	]
}
```

また、実行プログラムの引数は与えることができない。

5.6 実行中プロセス、リモートプロセスへのアタッチ

実行中のプロセスに対して、プロセスIDを指定してアタッチする。

```
dlv attach 1234 --headless --listen=:2345 --log
```

`--headless --listen=:2345`により、リモートマシンからデバッグが可能な状態になる。このリモートマシンに対して、デバッグを行うには、次のようにlaunch.jsonを記述する。

リスト5.7: .vscode/launch.json

```json
{
  "version": "0.2.0",
  "configurations": [
    {
      "name": "Launch Remote",
      "type": "go",
      "request": "launch",
      "mode": "remote",
      // remotePath はリモート先の実行ファイルのソースのパスを指定する
      "remotePath": "/home/nnyn/go/src/github.com/74th/vscode-debug-specs/golang/
          bubblesorter/cmd/bubblesorter",
      "port": 2345,
      // リモートのホスト名を指定する
      "host": "192.168.56.101",
      // program は実行ファイルのソースのパスを指定する
      "program": "${workspaceRoot}/cmd/bubbleSorter",
      "env": {},
      "args": [],
      "showLog": true
    }
  ]
}
```

第6章　Google App Engine Go

6.1　Google App Engineとは

Serverlessの本命、Platform as a Service(PasS)といえばGoogle App Engine（以降、GAE）が挙げられる。GAEは、Go、Python、Javaのプログラムをオートスケールするフルマネージド環境で実行できるサービスである。

GAEには、開発用のローカル環境を立てる機能がある。このローカル環境はデバッグ実行することが可能である。本書では、Goを用いてローカル環境のGAEをデバッグ実行する方法を示す。

6.2　環境構築

Macで環境構築する例を示す。Google Cloud SDKのインストール手順は省略する。

最新のSDKのインストール手順はGAEのドキュメント[1]から確認できる。ここでは、デバッグ実行するための手順を示す。

次のコマンドにより、GAEのGo環境のインストールが行われる。

```
gcloud components install app-engine-go
```

GAEの開発環境を実行した時は、SDK内のGOROOT、GOPATHを使って実行される。そのため開発時にはそれを環境変数に設定する。

ワークスペースのディレクトリーなど特定のディレクトリーでのみ設定したい環境変数がある場合、direnv[2]を使うことで簡単に実現できる。Go1.9を用いる場合、ワークスペースに次のような.envrcを設置する。

リスト6.1: .envrc

```
export GOROOT=~/google-cloud-sdk/platform/google_appengine/goroot-1.9/
export GOPATH=~/google-cloud-sdk/platform/google_appengine/gopath/
export PATH=~/google-cloud-sdk/platform/google_appengine/gopath/bin:$PATH
export PATH=~/google-cloud-sdk/platform/google_appengine/goroot-1.9/bin:$PATH
alias go=goapp
```

この時、goappが普段のgoコマンドに相当する。aliasを設定すると今までどおり使うことができる。バージョンを表示すると、appengineと付いているのがわかる。

1.https://cloud.google.com/appengine/docs/standard/go/download

2.https://github.com/direnv/direnv

```
$go version
go version 1.9.4 (appengine-1.9.74) darwin/amd64
```

6.3 Local Development Serverのデバッグ

デバッグする場合には、次の3つの手順が必要になる。

1. GAEのLocal Development Serverをデバッグフラグをつけて起動する。

2. delveで、リモートデバッグを有効にして、1.のプロセスにアタッチする。

3. VSCodeで、2.のdelveに接続する。

VSCodeのGoモジュールはプロセスを指定したアタッチができないため、これら2.と3.の手順が必要になる。

まず、GAEのLocal Development Serverを起動する。この時、--go_debuggingフラグを設定する。

```
$dev_appserver.py app.yaml --go_debugging
INFO     2018-08-04 07:09:29,547 devappserver2.py:178] Skipping SDK update check.
INFO     2018-08-04 07:09:29,644 api_server.py:274] Starting API server at:
http://localhost:49679
INFO     2018-08-04 07:09:29,653 dispatcher.py:270] Starting module "default"
running at: http://localhost:8080
INFO     2018-08-04 07:09:29,656 admin_server.py:152] Starting admin server at:
http://localhost:8000
INFO     2018-08-04 07:09:32,825 instance.py:294] Instance PID: 3281
```

コンソールにInstance PID: 3281と、プロセスIDが出ている。次に、delveで、リモートデバッグを有効にして、このプロセスにアタッチする。

```
$dlv attach 3281 --headless --listen=127.0.0.1:2345
API server listening at: 127.0.0.1:2345
```

Bashを使っていて、毎回PIDをコピーするのが面倒な場合、次のようなワンライナーが使える。

```
dlv attach $(ps u | grep _go_ap[p] | awk '{print $2}') --headless
    --listen=127.0.0.1:2345
```

後はリモートデバッグ時と同様に、dlvのリスンポートを指定してデバッグを開始する。

リスト6.2: .vscode/launch.json

```json
{
  "version": "0.2.0",
  "configurations": [
    {
      "name": "Connect to server",
      "type": "go",
      "request": "launch",
      "mode": "remote",
      "remotePath": "${workspaceRoot}",
      "program": "${workspaceRoot}",
      "host": "127.0.0.1",
      "port": 2345,
      "env": {},
      "args": []
    },
  ]
}
```

第7章 Node.js: JavaScript and TypeScript for Server-Side

7.1 Node.js、JavaScriptとは

JavaScriptは、Webブラウザで動作する現在唯一のスクリプト言語である。唯一の言語であるためWebブラウザの標準VMとも考えられる。Node.jsによってサーバーアプリケーションで使われるようになったが、現在はVSCodeを含むElectronを使ったデスクトップアプリの動作環境としても使われている。

また、Node.jsのデバッグについては、VSCodeに付属しているため、追加の拡張機能のインストールは不要である。

単体テストについては、幾つかフレームワークが存在するが、本書ではその中でもMochaとJasmineでの実行方法について記述する。

JavaScriptのモジュールについては、標準化が進んでいるが、本書ではNode.jsでも実行するために、CommonJSに従っているものとする。

次にモジュールのコードを示す。

リスト7.1: bubble_sort.js

```
function sort(list) {
  for (let i = 0; i < list.length; i++) {
    for (let j = 0; j < list.length - i - 1; j++) {
      if (list[j] > list[j + 1]) {
        const tmp = list[j];
        list[j] = list[j + 1];
        list[j + 1] = tmp;
      }
    }
  }
}

module.exports = {
  sort: sort,
};
```

7.2 デバッグ機能リスト

・OS別

- —✓ MacOS
- —✓ Windows
- —✓ Linux
- ・ブレークポイント
  - —✓ 行ブレークポイント
  - —□ 関数(Function)ブレークポイント
  - —✓ 条件(Condition)ブレークポイント
- ・ステップ実行
  - —✓ ステップオーバー(Step Over)
  - —✓ ステップイン(Step In)
  - —✓ ステップアウト(Step Out)
  - —✓ 続行(Continue)
  - —□ ステップバック(Step Back)
  - —□ 逆行(Reverse Continue)
- ・変数
  - —✓ 変数(variables)
  - —✓ ウォッチ式(watch)
- ・コールスタック
  - —✓ コールスタック
- ・評価式
  - —✓ 変数確認のための評価式の実行
  - —✓ 変数変更のための評価式の実行
- ・実行対象
  - —✓ 単体テスト
  - —✓ 実行ファイル
  - —✓ リモート

7.3 環境構築

Node.jsランタイム以外に必要なものはないため、インストール方法は省略する。なお、Node.jsとともにNode.jsのパッケージマネージャーであるnpmがインストールされていることを前提とする。npmはNode.jsのインストーラーで同時にインストールされる。

本書で用いるパッケージはパッケージ依存情報を記述するpackage.jsonに記述されている。そのため、本書のリポジトリー[1]をcloneした後、npm installを実行すれば、各モジュールが導入される。

1.https://github.com/74th/vscode-debug-specs/

7.4 単体テスト(Mocha)のデバッグ

Mochaのインストールはnpmを用いて行う。

```
npm install --save-dev mocha assert
```

もし、新しいnpmのプロジェクトであり、package.jsonファイルが作成されていない場合、この
コマンドの前にnpm initを行い、package.jsonファイルを作成する。
テストコードの例を次に示す。

リスト7.2: mocha/bubble_sort.test.js
```
const bubble_sort = require("../bubble_sort");
const assert = require("assert");

describe('bubble_sort', () => {
  it('sort list', () => {
    const list = [4, 3, 2, 1];
    bubble_sort.sort(list);
    assert.equal(list[0], 1);
    assert.equal(list[1], 2);
    assert.equal(list[2], 3);
    assert.equal(list[3], 4);
  });
});
```

起動用のlaunch.jsonは次のとおりである。テスト追加のメニューから、"NodeJS: Mocha Tests"
でスニペットが利用できる。

リスト7.3: Mochaのテスト実行のlaunch.json
```
{
  "version": "0.2.0",
  "configurations": [
    {
      "type": "node",
      "request": "launch",
      "name": "Mocha Tests",
      "program": "${workspaceRoot}/node_modules/mocha/bin/_mocha",
      "args": [
        "-u",
        "tdd",
        "--timeout",
```

第7章 Node.js: JavaScript and TypeScript for Server-Side | 49

```
        "999999",
        "--colors",
        "${workspaceRoot}/mocha",
        "-g",
        "bubble_sort"
      ],
      "internalConsoleOptions": "openOnSessionStart"
    }
  ]
}
```

-gの後に正規表現でテスト名を与えることで、そのセッションだけをテストすることができる。

7.5 単体テスト(Jasmine)のデバッグ

Mochaと同様にnpmでインストールできる。

```
npm install --save-dev jasmine-node
```

Jasmineのテストコードの例を次に示す。

リスト7.4: jasmine/bubble_sort.spec.js
```
const bubble_sort = require("../bubble_sort");

describe("bubble sort", () => {
  it('sort list', () => {
    const list = [4, 3, 2, 1];
    bubble_sort.sort(list);
    expect(list[0]).toEqual(1);
    expect(list[1]).toEqual(2);
    expect(list[2]).toEqual(3);
    expect(list[3]).toEqual(4);
  });
});
```

デバッグ起動用のlaunch.jsonは次のとおりである。デバッグ追加のメニューから、"NodeJS: Launch Program"のスニペットを選び、幾つかの変更を加えている。

リスト7.5: Jasmineのテスト実行のlaunch.json

```
{
  "version": "0.2.0",
  "configurations": [
    {
      "type": "node",
      "request": "launch",
      "name": "Jasmine-node Tests",
      "program": "${workspaceRoot}/node_modules/jasmine-node/lib/jasmine-node/
          cli.js",
      "cwd": "${workspaceRoot}",
      "args": [
        "./jasmine",
        "--color"
      ],
      "internalConsoleOptions": "openOnSessionStart"
    }
  ]
}
```

　ただし、Jasmine のデバッグにおいては、関数の1行目にブレークポイントを置いても停止しな
かった。しかし、5行目では停止した。1行目はなにかの最適化が行われ、ブレークポイントを超え
てしまっていると考えられる。

7.6　実行ファイルのデバッグ

　実行ファイルは Node.js の引数にして実行したエントリーファイルを指す。その例を次に示す。

リスト 7.6: bin/bubble_sort.js

```
#!/usr/bin/env node
const bubble_sort = require("../bubble_sort");

if (process.argv.length < 3) {
  console.log("usage bubble_sort 3 2 1...")
  process.exit(1);
}

const list = [];
for (let i = 2; i < process.argv.length; i++) {
  const n = parseInt(process.argv[i], 10);
  if (isNaN(n)) {
    console.log("cannot parse number:" + process.argv[i]);
```

```
    process.exit(1);
  }
  list.push(n);
}
bubble_sort.sort(list);
console.log(list);
```

デバッグ起動用のlaunch.jsonは次のとおりである。デバッグ追加のメニューから、"NodeJS: Launch Program"のスニペットを選ぶことができる。

リスト7.7: 実行ファイルのデバッグ

```
{
  "version": "0.2.0",
  "configurations": [
    {
      "type": "node",
      "request": "launch",
      "name": "Launch Program",
      "program": "${workspaceRoot}/bin/bubble_sort.js",
      "internalConsoleOptions": "openOnSessionStart"
    }
  ]
}
```

Node.jsのデバッグには、デバッグアダプターがinspectオプションを追加してNode.jsを起動してくれるため、launch.json側には起動したいファイルのみを記述すれば良い。

7.7 実行中のプログラムへのアタッチ

まずlaunch.jsonを示す。デバッグ追加のメニューから"NodeJS: Attach to Process"のスニペットを選ぶことができる。

リスト7.8: 実行中のプログラムへのアタッチ

```
{
  "version": "0.2.0",
  "configurations": [
    {
      "type": "node",
      "request": "attach",
      "name": "Attach by Process ID",
      "processId": "${command:PickProcess}"
```

```
    }
  ]
}
```

次の手順で実行する。

1. `node --inspect xxx.js`の形で、プログラムを実行する。プログラムの1行目からブレークしたい場合は、さらに`--inspect-brk`をxxx.jsの前に付ける。xxx.jsの後に付けた場合は、xxx.jsの引数になるため注意する。

```
node --inspect --inspect-brk ./bin/bubble_sort.js
```

2. デバッグを開始する。
3. プロセスを選択する。実行時のコマンドを選ぶ。

図7.1: アタッチ対象のプロセスの選択

7.8 リモートマシンのプロセスへのアタッチ

リモートマシンにおいて、次のように--inspectオプションにリスンするアドレスとポート番号を記述して実行する。また、スクリプトの実行をデバッグ開始まで待ってほしい場合は、さらに--inspect-brkを追加する。

```
node --inspect=0.0.0.0:5858 --inspect-brk ./bin/bubble_sort.js
```

次にlaunch.jsonを示す。メニューから"NodeJS: Attach to Remote Program"のスニペットを利用することができ、次のaddressをリモートホストのアドレスに変更する。また、必要に応じてポート番号を書き換える。

リスト7.9: リモートプロセスへのアタッチ

```
{
  "version": "0.2.0",
  "configurations": [
    {
      "type": "node",
      "request": "attach",
```

```
      "name": "Attach to Remote",
      // リモートマシンのアドレス、及びポートを記述する
      "address": "192.168.56.101",
      "port": 5858,
      "localRoot": "${workspaceRoot}",
      "remoteRoot": "/home/nnyn/vscode-debug-spec/javascript"
    }
  ]
}
```

7.9　TypeScriptのデバッグ

　他の言語からJavaScriptに変換してブラウザ上で実行すること、AltJSという。その中で、JavaScript
に型情報を付加するTypeScriptでのデバッグの方法を紹介する。実際に実行されるスクリプトは
JavaScriptであるが、ブレークポイントの設定などはTypeScript上で可能になる。これは、生成さ
れるJavaScriptにソースマップと呼ばれる元のTypeScriptとの対応情報が付加されているためで
ある。

　TypeScriptのモジュールと実行プログラムのコードを次に示す。

リスト7.10: typescript/bubble_sort.ts

```
export function bubbleSort(list: number[]) {
  for (let i = 0; i < list.length - 1; i++) {
    for (let j = 0; j < list.length - 1 - i; j++) {
      if (list[j] > list[j + 1]) {
        const tmp = list[j];
        list[j] = list[j + 1];
        list[j + 1] = tmp;
      }
    }
  }
}
```

リスト7.11: typescript/bubble_sorter.ts

```
#!/usr/bin/env node
import { bubbleSort } from "./bubble_sort";

if (process.argv.length < 3) {
  console.log("usage bubble_sort 3 2 1...")
  process.exit(1);
}
```

```
const list:number[] = [];
for (let i = 2; i < process.argv.length; i++) {
  const n = parseInt(process.argv[i], 10);
  if (isNaN(n)) {
    console.log("cannot parse number:" + process.argv[i]);
    process.exit(1);
  }
  list.push(n);
}
bubbleSort(list);
console.log(list);
```

TypeScriptのインストール

TypeScriptのコンパイラは、npmでインストールできる。@type/…はTypeScriptの型情報のパッケージである。JavaScriptのライブラリとTypeScriptを組み合わせる場合、TypeScriptでは型情報のみを参照する。

```
npm install -g typescript
npm install --save-dev @types/node
```

設定ファイル tsconfig

TypeScriptの設定ファイルはtsconfig.jsonであり、次のコマンドで作成することができる。

```
tsc --init
```

デバッグを行うためのtsconfig.json例を次に示す。

リスト7.12: tsconfig.json

```
{
  "compilerOptions": {
    // ここからnode_modulesのディレクトリーが探される
    "baseUrl": "./",
    // 出力先ディレクトリー
    "outDir": "./typescriptout",
    "module": "commonjs",
    "target": "es2017",
    "noImplicitAny": false,
    // ソースマップ出力有無。デバッグ時は必要
```

第7章　Node.js: JavaScript and TypeScript for Server-Side | 55

```
        "sourceMap": true,
        // デバッグのためにmapRootの設定が必要
        "mapRoot": "./",
        "strict": true,
        "moduleResolution": "node",
        "lib": [
            "es2015"
        ]
    },
    // ビルド対象のスクリプトのパス
    "include": [
        "typescript/**/*"
    ]
}
```

このファイルを作成し、次のコマンドによって*.tsが、*.js、*.js.mapにコンパイルされる。

```
tsc
```

生成される*.jsには、末尾に次のように*.js.mapファイルへのパスのコメントが追加される。

リスト7.13: bubble_sort.js

```
~
exports.bubbleSort = bubbleSort;
//# sourceMappingURL=/Users/nnyn/Documents/vscode-debug-specs/javascript/
    bubble_sort.js.map
```

この*.js.mapファイルは元の*.tsファイルとの行単位での関係を示し、このファイルの情報を元に
デバッグができる。

リスト7.14: bubble_sort.js.map

```
{
    "version":3,
    "file":"bubble_sort.js",
    "sourceRoot":"/Users/nnyn/Documents/vscode-debug-specs/javascript/typescript/",
    "sources":["bubble_sort.ts"],
    "names":[],
    "mappings":";;AACA,oBAA2B,IAAc ~"
}
```

launch.json

TypeScript をデバッグする launch.json を次に示す。

リスト 7.15: .vscode/launch.json

```
{
  "version": "0.2.0",
  "configurations": [
    {
      "type": "node",
      "request": "launch",
      "name": "Launch Program (typescript)",
      // コンパイル後のJavaScriptを指定する
      "program": "${workspaceRoot}/typescriptout/bubble_sorter.js",
      "args": [
        "4",
        "3",
        "2",
        "1"
      ],
      "internalConsoleOptions": "openOnSessionStart"
    }
    "sourceMapPathOverrides": {
      "/Users/nnyn/Documents/vscode-debug-specs/javascript/typescript/*":
        "${workspaceRoot}/typescript/*",
    }
  ]
}
```

デバッグの実行方法

1. TypeScript を JavaScript にビルドする。

```
tsc
```

2. VSCode でデバッグを開始する。

TypeScript でのデバッグができない場合

デバッグ実行に失敗するケースとして、*.js.map ファイルの示すパスと VisualStudioCode を実行しているプロジェクトのパスが異なるケースがある。その場合、次のように *.js.map ファイルが示すパスを sourceMapPathOverrides を設定することで、デバッグ実行が可能になる。

第7章　Node.js: JavaScript and TypeScript for Server-Side | 57

リスト7.16: .vscode/launch.json

```json
{
  ~



  "sourceMapPathOverrides": {
    "/Users/nnyn/Documents/vscode-debug-specs/javascript/typescript/*":
      "${workspaceRoot}/typescript/*",
  }
 ]
}
```

58 　第7章　Node.js: JavaScript and TypeScript for Server-Side

第8章 Chrome: JavaScript and Type-Script for Web Front-End

8.1 Web Front-Endとは

クライアント＝Webブラウザが当然の時代になって久しくなり、Webブラウザで共通して動作する言語はJavaScriptに限定されている。そのJavaScriptのモジュールは、ES2015にて標準化され、2018年7月時点では多くのブラウザに標準設定として組み込まれている。しかし依然として世の中のJavaScriptのライブラリはCommonJS形式のものが多く、ES2015形式に対応したものは少ない。そのため、CommonJS形式のモジュールを1ファイルにまとめてしまうbrowserify、webpack、parcelなどのツールを使うことが一般的である。

さらにJavaScriptは、Webサーバー経由でプログラムにアクセスした場合と、HTMLファイルを直接開いた場合では、挙動が異なる場合がある。そのため、JavaScriptの実装中であってもWebサーバーを立てる必要があることが多い。簡易的なWebサーバーであれば、npmモジュールのhttp-serverが使用できる。これを実行すると、実行したディレクトリーを起点とするWebサーバーとして動作する。-c-1はブラウザでのファイルキャッシュを無効にするヘッダーを追加するための引数である。

```
# Node.js, npm はインストールされているものとする
npm install --save-dev http-server
./node_modules/.bin/http-server html -c-1
```

また、タスクとして記述する場合、次のようになる。

リスト8.1: .vscode/tasks.json

```
{
  "version": "2.0.0",
  "tasks": [
    {
      "label": "http-server",
      "type": "process",
      "problemMatcher": [],
      "windows": {
        "command": ".\\node_modules\\.bin\\http-server"
      },
      "osx": {
        "command": "./node_modules/.bin/http-server"
      },
      "linux": {
```

```
      "command": "./node_modules/.bin/http-server"
    },
    "args": [
      "html",
      "-c-1"
    ]
  }
 ]
}
```

本節では、webpack、Browserify を用いない場合に、Chrome ブラウザを起動してデバッグする方法と、既に起動している Chrome ブラウザにアタッチしてデバッグする方法について述べる。その後、それぞれのケースで有効な webpack を用いた場合の方法について述べる。最後に、さらに webpack と TypeScript を組み合わせたケースのデバッグの方法について述べる。

まず、browserify、webpack を適用しない ES2015 モジュールのソースコードは次のとおり。

リスト 8.2: html/js/es2015_bubble_sort.js

```
export function bubbleSort(list) {
  for (let i = 0; i < list.length; i++) {
    for (let j = 0; j < list.length - i - 1; j++) {
      if (list[j] > list[j + 1]) {
        const tmp = list[j];
        list[j] = list[j + 1];
        list[j + 1] = tmp;
      }
    }
  }
}
```

リスト 8.3: html/js/es2015_main.js

```
import { bubbleSort } from "./es2015_bubble_sort.js";

document.querySelector("#normal").addEventListener("click", (e) => {
  const line = document.querySelector("#input").value;
  const list = [];
  line.split(" ").forEach((item) => {
    list.push(parseInt(item, 10));
  });
  bubbleSort(list);

  let output = "";
```

```
  list.forEach((item) => {
    output += item + " ";
  });
  document.querySelector("#output").innerHTML = output;
});
```

　ES2015のモジュールを有効にする場合はscriptタグにtype="module"を付ける。HTMLファイルの例を次のように示す。

リスト8.4: html/index.html

```
<!DOCTYPE html>
<html>
<body>
  <div>
    <input type="text" size="100" id="input" value="4 3 2 1" />
    <input type="button" value="sort(normal)" id="normal" />
    <input type="button" value="sort(browserify)" id="browserify" />
    <input type="button" value="sort(webpack)" id="webpack" />
    <input type="button" value="sort(TypeScript)" id="typescript" />
  </div>
  <div id="output"></div>
  <script type="module" src="js/es2015_main.js"></script>
  <script src="js/browserify_main.browserify.js"></script>
  <script src="js/webpack_main.webpack.js"></script>
  <script src="js/typescript_main.webpack.js"></script>
</body>
</html>
```

　このコードが使われる画面は次のものである。テキストボックスにスペース区切りで数値を入れ、ボタンを押すとそれをソートした結果を下に表示する。

図8.1: 実行画面

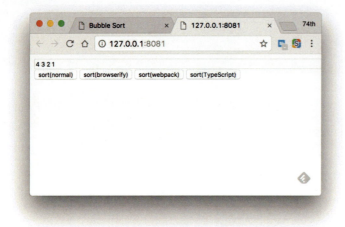

このHTML中にあるボタンは、後述するwebpack、TypeScriptのケースで用いるボタンである。

8.2 デバッグ機能リスト

- OS別
  - ✓ MacOS
  - ✓ Windows
  - ✓ Linux
- ブレークポイント
  - ✓ 行ブレークポイント
  - ☐ 関数(Function)ブレークポイント
  - ✓ 条件(Condition)ブレークポイント
- ステップ実行
  - ✓ ステップオーバー(Step Over)
  - ✓ ステップイン(Step In)
  - ✓ ステップアウト(Step Out)
  - ✓ 続行(Continue)
  - ☐ ステップバック(Step Back)
  - ☐ 逆行(Reverse Continue)
- 変数
  - ✓ 変数(variables)
  - ✓ ウォッチ式(watch)
- コールスタック
  - ✓ コールスタック

・評価式
  —✓ 変数確認のための評価式の実行
  —✓ 変数変更のための評価式の実行
・実行対象
  —✓ 実行ファイル
  —✓ リモート

8.3　Chromeブラウザを起動するデバッグ

デバッグの開始ともにChromeブラウザを起動してデバッグする方法を記述する。
デバッグ追加のメニューからは"Chrome launch"のスニペットを使うことができる。

リスト8.5: .vscode/launch.json

```
{
  "version": "0.2.0",
  "configurations": [
    {
      "type": "chrome",
      "request": "launch",
      "sourceMaps": true,
      "name": "Launch Chrome against localhost",
      // ブラウザ起動後に表示するURL
      "url": "http://localhost:8080",
      // Webサーバーのルートディレクトリー
      "webRoot": "${workspaceRoot}/html"
    }
  ]
}
```

実行方法は次の手順である。
1．http-serverをタスクを介して起動する。
2．ブレークポイントを、対象のJavaScriptに設定する。
3．前述の設定でデバッグを開始する。すると、Chromeブラウザが立ち上がる。
4．Chromeブラウザ上でJavaScriptを実行する操作をする。

8.4　起動済みのChromeブラウザへのアタッチ

Chromeブラウザを外部からデバッグ可能にするには、--remote-debugging-port=9222の引数
を付けて起動する必要がある。このコマンドは次のとおりである。Windowsの場合はコマンドプロ
ンプトから行う必要がある。また、Windowsの場合、インストール場所が次の2種類のどちらかに

なるため、適宜読み替えてほしい。

```
# Windows
"C:\Program Files (x86)\Google\Chrome\Application\chrome.exe"
    --remote-debugging-port=9222
%USERPROFILE%AppData\Local\Google\Chrome\Application\chrome.exe
    --remote-debugging-port=9222
# Mac
/Applications/Google\ Chrome.app/Contents/MacOS/Google\ Chrome
    --remote-debugging-port=9222
# Linux
google-chrome --remote-debugging-port=9222
```

　この時のlaunch.jsonは次のリストとなる。デバッグ追加のメニューから、スニペット"Chrome attach"も利用できる。

リスト8.6: .vscode/launch.json

```
{
  "version": "0.2.0",
  "configurations": [
    {
    "type": "chrome",
      "request": "launch",
      "sourceMaps": true,
      "name": "Launch Chrome against localhost",
      // Web サーバーのURL
      "url": "http://localhost:8080",
      // Web サーバーのルートディレクトリー
      "webRoot": "${workspaceRoot}/html"
    }
  ]
}
```

8.5　webpackを適用した場合のデバッグ

　webpackを用いると、依存しているソースコードをすべて1ファイルに纏め、ブラウザで実行可能にできる。このまとめられたファイルは行数が膨大になり、適切にデバッグを行うことが難しい。しかし、変換前のソースとの位置関係を示すソースマップを追加することで、実態は変換後のソースを動かしながら、画面上は変換前のソースコードをデバッグすることができる。
　webpackを利用するには次のコマンドでインストールする。

64　　第8章　Chrome: JavaScript and TypeScript for Web Front-End

```
npm install -g webpack
```

webpackには設定ファイルであるwebpack.config.jsを記述する必要がある。webpack.config.jsの例が次のリストとなる。次の節のTypeScriptに関する記述も含まれている。

リスト 8.7: webpack.config.js

```
const path = require('path');

let exclude = [path.resolve(__dirname, "html")];

module.exports = {
  devtool: "source-map",
  resolve: {
    extensions: [".js"]
  },
  devServer: {
    contentBase: "html/"
  },
};
```

webpackコマンドを実行してコンパイルする。

```
webpack -d js/webpack_main.js --output-filename=html/js/webpack_main.js
```

webpackのlaunch.jsonは次のリストとなる。

リスト 8.8: .vscode/launch.json

```
{
  "version": "0.2.0",
  "configurations": [
    {
      "type": "chrome",
      "request": "launch",
      "sourceMapPathOverrides": {
        // webpackのパスと変換前のファイルのパスの対応を記述する
        "webpack:///./js/*": "${workspaceRoot}/js/*"
      },
      "sourceMaps": true,
      "name": "Launch Chrome against localhost",
      "url": "http://localhost:8080",
      "webRoot": "${workspaceRoot}/html"
```

第8章 Chrome: JavaScript and TypeScript for Web Front-End | 65

```
    }
  ]
}
```

以前のlaunch.jsonから追加したのは、sourceMapPathOverridesの所である。webpackでコンパイルされたファイルの元ファイルへの参照は、Chromeブラウザ上ではwebpack://というURLで示される。このURLはデベロッパーツールで確認できる。

図8.2: デベロッパーツールで確認できるwebpackのURL

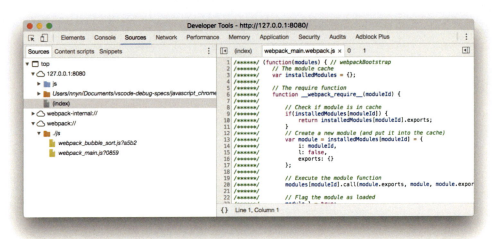

VSCodeに対して、webpack:///js/と実ファイルの対応を示すことで、webpackを通す前のファイルに対してブレークポイントを設定することができる。あとは、webpack適用前のソースコードにブレークポイントを設定し、Webサーバーを立ち上げ、デバッグを開始できる。正しくデバッグできない場合は、sourceMapPathOverridesの設定を見直すと良い。

注意として、Chromeのデベロッパーツールを表示している時、VSCodeでデバッグ（アタッチ）することができない制約がある。

8.6 TypeScriptとwebpackの組み合わせのデバッグ

webpackとTypeScriptを組み合わせた場合にデバッグ方法について説明する。TypeScriptの説明については、前章を参照してほしい。TypeScriptを組み合わせる上での問題点は、ソースマップがTypeScriptからJavaScriptに変換した時と、JavaScriptからwebpackで変換した時の2度できることである。

TypeScriptのコードは次のリストとなる。

リスト8.9: js/typescript_bubble_sort.ts

```
export function bubbleSort(list: number[]) {
  for (let i = 0; i < list.length; i++) {
    for (let j = 0; j < list.length - i - 1; j++) {
      if (list[j] > list[j + 1]) {
        const tmp = list[j];
        list[j] = list[j + 1];
        list[j + 1] = tmp;
      }
    }
  }
}
```

リスト 8.10: js/typescript_main.ts

```
import { bubbleSort } from "./typescript_bubble_sort";

document.querySelector("#typescript").addEventListener("click", (e) => {
  const line = (document.querySelector("#input") as HTMLInputElement).value;
  const list:number[] = [];
  line.split(" ").forEach((item: string) => {
    list.push(parseInt(item, 10));
  });
  bubbleSort(list);

  let output = "";
  list.forEach((item: number) => {
    output += item.toString(10) + " ";
  });
  document.querySelector("#output").innerHTML = output;
});
```

　まず、それぞれのツールをインストールする。webpackのモジュールとして、TypeScriptをコンパイルするawesome-typescript-loaderと、ソースマップを解決するsource-map-loaderを利用する。

```
npm install -g webpack typescript awesome-typescript-loader source-map-loader
```

　TypeScriptの設定ファイルtsconfig.jsonを次のようにする。ソースマップを出力するように設定する。

リスト 8.11: tsconfig.json

```
{
  "compilerOptions": {
    "outDir": "./html/js/",
    // ソースマップを設定する
    "sourceMap": true,
    "noImplicitAny": true,
    "module": "commonjs",
    "target": "es5"
  },
  "include": [
    "./js/**/*"
  ]
}
```

webpackの設定ファイルであるwebpack.config.jsonを次のように作成する。

リスト8.12: webpack.config.json

```
module.exports = {
  devtool: "source-map",
  resolve: {
    extensions: [".ts", ".js"]
  },
  module: {
    rules: [
      { test: /\.ts$/, loader: "awesome-typescript-loader" },
      { enforce: "pre", test: /\.js$/, loader: "source-map-loader" }
    ]
  },
  devServer: {
    contentBase: "html/"
  },
};
```

　ここで必要な設定は、awesome-typescript-loaderとsource-map-loaderの設定である。参照する.ts
ファイルはTypeScriptによってコンパイルされて.jsファイルになり、.jsファイルのソースマップを
再びsource-map-loaderが処理する仕組みである。
　この設定を実施した上で、次のコマンドでwebpackを実行する。

```
webpack -d ts/typescript_main.ts --output-filename=html/js/typescript_main.web
pack.js
```

この設定での webpack の URL を Chrome で確認すると、webpack:///js/... であることがわかる。

図 8.3: TypeScript の webpack の URL

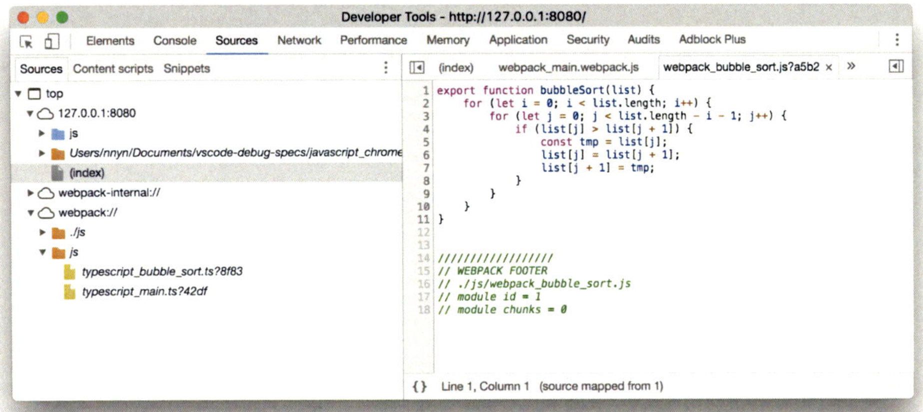

launch.json に次の様に webpack の URL を追加する。

リスト 8.13: .vscode/launch.json

```json
{
  "version": "0.2.0",
  "configurations": [
    {
      "type": "chrome",
      "request": "launch",
      "sourceMapPathOverrides": {
        "webpack:///./js/*": "${workspaceRoot}/js/*"
        // TypeScriptの設定を追加
        "webpack:///js/*": "${workspaceRoot}/js/*"
      },
      "sourceMaps": true,
      "name": "Launch Chrome against localhost",
      "url": "http://localhost:8080",
      "webRoot": "${workspaceRoot}/html"
    }
  ]
}
```

これらの設定を用いてデバッグを開始し、TypeScript のコードにブレークポイントを設定することで、TypeScript 上でステップ実行が可能になる。

第 8 章　Chrome: JavaScript and TypeScript for Web Front-End　69

第9章 React: JavaScript and TypeScript for SPA

9.1 Reactとは

React[1]とは、シングルページアプリケーション（以降、SPA）のUIを作るJavascriptライブラリである。クラスベースのコンポーネントをHTMLのタグの要領で組み合わせて記述できる。一時期、Facebookに敵対しないことというライセンスが問題になったが、現在はMITライセンスに改められている。Reactの発展例として、さらにHTMLだけではなく、AndroidやiOSのUIを同じ仕組みで構築できるReact Nativeが登場している。

本書ではjsxを含むプログラムのデバッグの方法について調査した。

なお、近い位置づけのライブラリとしてVue.js[2]があるが、こちらはjsxのような特殊なファイルを含まない。そのため、これまでに紹介したブラウザのデバッグ方法にてデバッグ実行可能である。

バブルソートを行うモジュールについては、前章までのbubble_sort.jsと変わらないため省略する

入力を行うコンポーネントとしてInputクラスを作成し、その出力を行うモジュールとしてAnswer、AnswerNumberクラスを作成する。それらをまとめたコンポーネントとしてSortFunctionクラスを作成する。このSortFunctionクラスをindex.htmlのcointainerに埋め込む。クラス図で示すと次のようになる。

1.https://reactjs.org
2.https://jp.vuejs.org

図9.1: クラス図

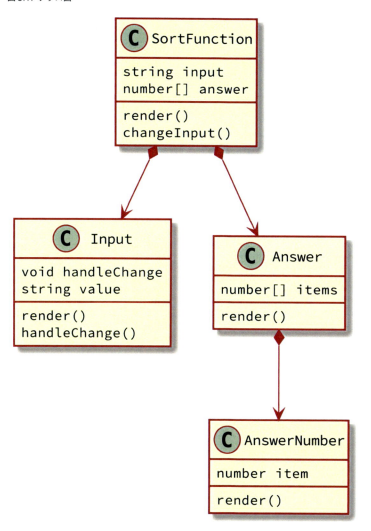

ES2015モジュールとして作成した場合のjsxファイルは次のコードとなる。

リスト9.1: src/js/index.jsx

```
import { sort } from './bubble_sort.js';

class AnswerNumber extends React.Component {
  render() {
    return <span>{this.props.item} </span>;
  }
}

class Answer extends React.Component {
```

```javascript
  render() {
    return <div>
      Answer:
      {this.props.items.map((item, index) => <AnswerNumber key={index}
item={item} />)}
    </div>;
  }
}

class Input extends React.Component {
  constructor(props) {
    super(props);
    this.handleChange = this.handleChange.bind(this);
    this.state = {
      value: this.props.value
    };
  }
  handleChange(e) {
    this.setState({
      value: e.target.value,
    })
    if (this.props.onChange) {
      this.props.onChange(e);
    }
  }

  render() {
    return <div>Input: <input type="text" value={this.props.value}
onChange={this.handleChange} />
        </div>;
  }
}

class SortFunction extends React.Component {
  constructor(props) {
    super(props);
    this.answer = [];
    this.changeInput = this.changeInput.bind(this);
    this.state = {
      input: "4 3 2 1",
      answer: [],
```

```
    };
  }

  changeInput(e) {
    const inputStr = e.target.value;
    const list = inputStr.split(" ").map(n => parseInt(n, 10));

    sort(list);

    this.setState({
      input: e.target.value,
      answer: list,
    });
  }

  render() {
    return <div>
      <Input onChange={this.changeInput} value={this.state.input}/>
      <Answer items={this.state.answer} />
    </div>;
  }
}

let data = [4, 3, 2, 1];
ReactDOM.render(
  <SortFunction />,
  document.getElementById('container')
);
```

　デバッグ機能リストはFrontEnd(Chrome) JavaScript and TypeScriptと同じであるため、省略する。

9.2　ES2015モジュールとして作成した場合のデバッグ

　jsxのコンパイルを行うためには、babelが必要である。

　本節では、ES2015モジュールとしてjsxをビルドする。他にCommonJSモジュールが必要である場合の手順は、次の節を参考にしてほしい。

環境構築

　1．Node.jsをインストールする。

第9章　React: JavaScript and TypeScript for SPA　│　73

2．babel、及び babel の React プラグインをインストールする。

```
npm install --save-dev babel-cli babel-plugin-transform-react-jsx
```

3．babel.rc を作成する。

リスト 9.2: babel.rc

```
{
  "plugins": ["transform-react-jsx"],
  "sourceMaps": true,
  "sourceRoot": "src"
}
```

4．拡張機能 Debugger for Chrome をインストールする。

ディレクトリー構成

ディレクトリー構成は次のとおりとする。

・html/
　―index.html
　―js/ …出力ディレクトリー
　　・bubble_sort.js
　　・index.js
・src/
　―js/ …ソースディレクトリー
　　・bubble_sort.js
　　・index.jsx

ビルドタスク

次のようなタスクを作成することで、ビルドを行うことができる。

リスト 9.3: .vscode/tasks.json

```
{
  // See https://go.microsoft.com/fwlink/?LinkId=733558
  // for the documentation about the tasks.json format
  "version": "2.0.0",
  "tasks": [{
    "label": "build js,jsx",
    "type": "shell",
    "problemMatcher": "$tsc",
    "windows": {
```

74 ┃ 第9章　React: JavaScript and TypeScript for SPA

```
      "command": ".\\node_modules\\.bin\\babel"
    },
    "osx": {
      "command": "./node_modules/.bin/babel"
    },
    "linux": {
      "command": "./node_modules/.bin/babel"
    },
    "args": [
      "-D", "src/js", "-d", "html/js", "--source-maps"
    ],
    "group": {
      "kind": "build",
      "isDefault": true
    }
  }
 ]
}
```

このタスクのポイントは次の2点である。

・--source-maps オプションをつけ、.map ファイルを出力する

・-D でソースディレクトリー、-d でビルド後の出力ディレクトリーを示す

デバッグ

設定ファイルの内容は次のコードとなる。

リスト9.4: .vscode/launch.json

```
{
  "version": "0.2.0",
  "configurations": [
    {
      "type": "chrome",
      "request": "launch",
      "name": "Launch Chrome against localhost",
      "url": "http://localhost:8080",
      "sourceMaps": true,
      "webRoot": "${workspaceFolder}"
    }
  ]
}
```

第9章　React: JavaScript and TypeScript for SPA　75

9.3 TypeScriptを利用した場合のデバッグ

TypeScriptは現在時点(Version 2.9.2)では、ES2015モジュールに対応していない。そのため、CommonJSモジュールのTypeScriptとして記述し、webpackを用いてビルドを行う。

TypeScriptでjsxを記述する場合、拡張子はtsxとなる。なお、TypeScriptはtsxファイルをコンパイルする機能を持っているため、babelは必要ではない。

tsxファイル

jsxファイルをTypeScriptで記述すると、次のようになる。TypeScriptを使うと、propsとstateの型を指定することができる。

リスト9.5: src/ts/index_ts.tsx

```
import { sort_ts } from './bubble_sort_ts';
import * as React from "react";
import * as ReactDOM from "react-dom";

class AnswerNumberTS extends React.Component<{ item: number }> {
  render() {
    return <span>{this.props.item} </span>;
  }
}


class AnswerTS extends React.Component<{ items: number[] }> {
  render() {
    return <div>
      Answer:
      {this.props.items.map((item, index) => <AnswerNumberTS key={index}
          item={item} />)}
    </div>;
  }
}


class InputTS extends React.Component<{ value: string,
    onChange: (Event: React.ChangeEvent<HTMLInputElement>) => void },
    { value: string }>{
  constructor(props: { value: string, onChange: (Event:
      React.ChangeEvent<HTMLInputElement>) => void }) {
    super(props);
    this.handleChange = this.handleChange.bind(this);
    this.state = {
      value: this.props.value
```

76 | 第9章 React: JavaScript and TypeScript for SPA

```typescript
    };
  }
  handleChange(e: React.ChangeEvent<HTMLInputElement>) {
    this.setState({
      value: (e.target as any).value,
    })
    if (this.props.onChange) {
      this.props.onChange(e);
    }
  }

  render() {
    return <div>Input: <input type="text" value={this.props.value}
        onChange={this.handleChange} /></div>;
  }
}

class SortFunctionTS extends React.Component<any, { input: string,
    answer: number[] }> {

  constructor(props: any) {
    super(props);
    this.changeInput = this.changeInput.bind(this);
    this.state = {
      input: "4 3 2 1",
      answer: [],
    };
  }

  changeInput(e: React.ChangeEvent<HTMLInputElement>) {
    const inputStr: string = (e.target as any).value;
    const list = inputStr.split(" ").map(n => parseInt(n, 10));

    sort_ts(list);

    this.setState({
      input: inputStr,
      answer: list,
    });
  }
```

```
  render() {
    return <div>
      <InputTS onChange={this.changeInput} value={this.state.input} />
      <AnswerTS items={this.state.answer} />
    </div>;
  }
}

let data = [4, 3, 2, 1];
ReactDOM.render(
  <SortFunctionTS />,
  document.getElementById('container_ts')
);
```

環境構築

1．必要なモジュールをnpmでインストールする

```
npm install --save-dev @types/react @types/react-dom react react-dom typescript
    webpack webpack-cli ts-loader
```

2．webpackの設定ファイルwebpack.config.jsを作成する

リスト9.6: webpack.config.js

```
const path = require('path');

module.exports = {
  mode: 'development',
  entry: './src/ts/index_ts.tsx',
  devtool: 'inline-source-map',
  module: {
    rules: [
      {
        test: /\.tsx?$/,
        use: 'ts-loader',
        exclude: /node_modules/
      }
    ]
  },
  resolve: {
    extensions: ['.tsx', '.ts', '.js']
```

```
    },
    output: {
      filename: './js/index_ts.js',
      path: path.resolve(__dirname, 'html')
    }
};
```

3．TypeScript の設定ファイル tsconfig.json を作成する

リスト 9.7: tsconfig.json

```
const path = require('path');

module.exports = {
  mode: 'development',
  entry: './src/ts/index_ts.tsx',
  devtool: 'inline-source-map',
  module: {
    rules: [
      {
        test: /\.tsx?$/,
        use: 'ts-loader',
        exclude: /node_modules/
      }
    ]
  },
  resolve: {
    extensions: ['.tsx', '.ts', '.js']
  },
  output: {
    filename: './js/index_ts.js',
    path: path.resolve(__dirname, 'html')
  }
};
```

ディレクトリー構成

・html/
　―js/
　　・index_ts.js: 出力ファイル
　―index.html
・src/

―ts/

・bubble_sort_ts.ts

・index_ts.tsx

ビルドタスク

次のようなタスクを作成することで、ビルドを行うことができる。

リスト9.8: .vscode/tasks.json

```json
{
  "version": "2.0.0",
  "tasks": [{
    {
      "label": "build ts,tsx",
      "type": "shell",
      "problemMatcher": "$tsc",
      "windows": {
        "command": ".\\node_modules\\.bin\\webpack-cli"
      },
      "osx": {
        "command": "./node_modules/.bin/webpack-cli"
      },
      "linux": {
        "command": "./node_modules/.bin/webpack-cli"
      },
      "group": {
        "kind": "build",
        "isDefault": true
      }
    }
  ]
}
```

デバッグ

デバッグ実行には前章と同様にhttp-serverで起動する必要がある。この場合のタスクについての設定ファイルの記述については前章を参照してほしい。

デバッグの設定ファイルは次のコードとなる。

リスト9.9: .vscode/launch.json

80 | 第9章　React: JavaScript and TypeScript for SPA

```json
{
  "version": "0.2.0",
  "configurations": [
    {
      "type": "chrome",
      "request": "launch",
      "name": "Launch Chrome against localhost",
      "url": "http://localhost:8080",
      "sourceMaps": true,
      "sourceMapPathOverrides": {
        "webpack:///./*": "${workspaceFolder}}/*",
        "webpack:///./~/*": "${workspaceFolder}}/node_modules/*",
      },
      "webRoot": "${workspaceFolder}"
    }
  ]
}
```

第10章 Electron: JavaScript and Type-Script for PC Appliction

10.1 Electron とは

Electron[1] という HTML5+JavaScript の技術を用いて、MacOS、Windows、Linux 上で共通に動作するユニバーサルデスクトップアプリを開発するプラットフォームがある。VSCode もこの Electron でできている。Electron の中身は、Chrome ブラウザのオープンソース部分である Chrominium ブラウザと Node.js である。

Electron は内部で複数のプロセスを実行することが可能となっている。画面を表示するためにも、メインプロセスと、Web ブラウザであるレンダラープロセスの2つを使用する必要がある。この2つのプロセスをデバッグするためには、両方を別々にアタッチする必要がある。メインプロセスのデバッグには、Node.js 同様に VSCode にビルトインされているデバッガを利用する。レンダラープロセスのデバッグには、Chrome Debugger を利用する。

なお、レンダラープロセスでは、前章同様 webpack を利用している。レンダラープロセスは Web ブラウザであるが、Node.js 同様の require によって、別モジュールを参照することが可能であり、本来は webpack は不要である。ただし、レンダラープロセスは他のモジュールの参照先を示す module.paths にメインプロセスとは異なる設定がされているため、ここでは webpack を利用するのが堅実である。また、本書執筆時点では webpack を利用せずに VSCode でデバッグする方法を見つけることができなかった。そのためサンプルコードでは webpack を用いている。

また、サンプルコードでは例示のため、JavaScript のサンプルと TypeScript のサンプルで異なる entry ファイルを使用しているが、webpack 内のファイル番号が各 entry ファイルでそれぞれ振られるため、VSCode でのデバッグの挙動がおかしくなる場合があった。よって、entry ファイルは1つにすることを推奨する。サンプルコードを動作させる場合に、動作がおかしければ index.html の各 entry ファイルへの記述をコメントアウトして利用されたい。

今回対象とするアプリは、前章の画面と同じため、コードの掲載は省略する。メインプロセスの実装は、特筆すべきことはないため、GitHub を参照されたい。

10.2 デバッグ機能リスト

メインプロセスについては、既に述べたの Node.js の性能と同様である。また、レンダラープロセスについては、既に述べた FrontEnd（Chrome）の性能と同様である。

1.https://electron.atom.io/

10.3 環境構築

1. Node.js v8.x以降をインストールする。
2. Electronをインストールする。

```
npm install --save electron
```

3. 拡張機能Debugger for Chromeをインストールする。

10.4 メインプロセスのデバッグ

Node.jsの種別を用いて、実行先をElectronにすればよい。launch.jsonは次のコードとなる。

リスト10.1: .vscode/launch.json

```
{
  "version": "0.2.0",
  "configurations": [
    {
      "type": "node",
      "request": "launch",
      "name": "Debug Main Process",
      // Electronを指定する
      "runtimeExecutable": "${workspaceRoot}/node_modules/.bin/electron",
      "program": "${workspaceRoot}/index.js",
      "runtimeArgs": [
        "."
      ],
      "Windows": {
        // Windowsの場合
        "runtimeExecutable": "${workspaceRoot}/node_modules/.bin/electron.cmd"
      }
    }
  ]
}
```

　launch.jsonにはデバッグ追加のメニューから"Node.js: Electron Main"を選ぶこともできる。しかし、これで生成される設定の中には"protocol":"legacy"が含まれている。ただし、これが指定されていないほうがより安定して動作したため、リストからは外している。

　デバッグを開始するとElectronの画面が表示される。メインプロセスにブレークポイントを設定していた場合、デバッグが可能となる。なお、デバッグを終了するとElectronの画面は表示されなくなる。

10.5 レンダラープロセスへのアタッチ

VSCodeでは複数のデバッグを同時に行うことが可能である。先のメインプロセスのデバッグで
Electronを起動し、別途レンダラープロセスにアタッチすることで、レンダラープロセスをデバッ
グできる。

レンダラープロセスをアタッチするためのlaunch.jsonは次のコードとなる。

リスト10.2: .vscode/launch.json

```
{
  "version": "0.2.0",
  "configurations": [
    {
      // 以下はメインプロセスへのデバッグ
      "type": "node",
      "request": "launch",
      "name": "Debug Main Process",
      "runtimeExecutable": "${workspaceRoot}/node_modules/.bin/electron",
      "program": "${workspaceRoot}/index.js",
      "runtimeArgs": [
        ".",
        // 引数に、レンダラープロセスデバッグ時の設定を追加
        "--remote-debugging-port=9222"
      ],
      "Windows": {
        "runtimeExecutable": "${workspaceRoot}/node_modules/.bin/electron.cmd"
      },
      "protocol": "legacy"
    },
    {
      // 以下はレンダラープロセスへのアタッチ
      "type": "chrome",
      "request": "attach",
      "name": "Attach to Render Process",
      "port": 9222,
      "webRoot": "${workspaceRoot}/html"
    }
  ]
}
```

これをデバッグするには、まずメインプロセスへのデバッグを開始し、その次にデバッグ開始ボ
タンの横にあるプルダウンを切り替えてレンダラープロセスへのアタッチを行う。

10.6 メインプロセスへのアタッチ

メインプロセスへのアタッチ方法は、Node.jsの場合と同じである。launch.jsonは次のコードとなる。

リスト10.3: .vscode/launch.json

```json
{
  "version": "0.2.0",
  "configurations": [
    {
      "type": "node",
      "request": "attach",
      "name": "Attach to Main Process",
      "address": "localhost",
      "port": 5858,
      "localRoot": "${workspaceRoot}",
      "remoteRoot": "${workspaceRoot}"
    }
  ]
}
```

このデバッグを行うためには、Electronをデバッグ用のオプションを追加して起動する。その後デバッグを開始する。

```
node --inspect=5858 ./node_modules/.bin/electron --remote-debugging-port=9222 .
```

第11章　C/C++

11.1　C/C++とは

新たなプログラミング言語が多数登場している中、今現在もOSやデバイスのプログラムや、プログラミング言語の実装に使われる言語である。

MicrosoftがC/C++の拡張機能を提供している。その機能がデバッグに用いるデバッガは、MacOSではlibdb、WindowsではVC++、Linuxではgdbと、OSによって異なっている。

Cのコードを次のように示す。

リスト11.1: bubble_sort.c

```c
extern void sort(int nList, int *list);

void sort(int nList, int *list)
{
  int tmp;
  for (int i = 0; i < nList; i++)
  {
    for (int j = 0; j < nList - 1; j++)
    {
      if (list[j] > list[j + 1])
      {
        tmp = list[j];
        list[j] = list[j + 1];
        list[j + 1] = tmp;
      }
    }
  }
}
```

11.2　デバッグ機能リスト

・OS別
　—✓ MacOS
　—✓ Windows
　—✓ Linux
・ブレークポイント

- ―✓ 行ブレークポイント
- ―✓ 関数(Function)ブレークポイント
- ―✓ 条件(Condition)ブレークポイント
・ステップ実行
- ―✓ ステップオーバー(Step Over)
- ―✓ ステップイン(Step In)
- ―✓ ステップアウト(Step Out)
- ―✓ 続行(Continue)
- ―□ ステップバック(Step Back)
- ―□ 逆行(Reverse Continue)
・変数
- ―✓ 変数(variables)
- ―✓ ウォッチ式(watch)
・コールスタック
- ―✓ コールスタック
・評価式
- ―✓ 変数確認のための評価式の実行
- ―✓ 変数変更のための評価式の実行
・実行対象
- ―✓ 単体テスト
- ―✓ 実行ファイル
- ―✓ リモート

11.3　環境構築

MacOS

1．Command Line Tools をインストールする。
2．拡張機能 C/C++ をインストールする。

Windows

1．Visual Studio 2017 をインストールする。
2．拡張機能 C/C++@ をインストールする。

Linux(Ubuntu 18.04)

1．gcc、gdb をインストールする。

```
sudo apt install -y gcc gdb
```

2. 拡張機能C/C++ をインストールする。

11.4　デバッグ関連のgccのオプション

この先で利用するgccのオプションについて説明する。基本的にはデバッグ時には次のものを全てつけると良い。

- -g: デバッグを有効にする
- -O0: 最適化を無効にする
- -W -Wall: 警告をすべて表示する

Macではgccを実行すると、実際にはclangがこれらのオプションはclangでも使える。

11.5　単体テスト(CUnit)のデバッグ

C/C++ の単体テストフレームワークであるCUnitでのテストコードを次のように示す。

リスト11.2: bubble_sort_cunit.c

```c
#include <CUnit/CUnit.h>
#include <CUnit/Console.h>

void sort(int nList, int *list);
void test_bubble_sort(void);

int main()
{
  CU_pSuite sort_suite;

  CU_initialize_registry();
  sort_suite = CU_add_suite("BubbleSort", NULL, NULL);
  CU_add_test(sort_suite, "test", test_bubble_sort);
  CU_console_run_tests();
  CU_cleanup_registry();

  return (0);
}

void test_bubble_sort(void)
{
  int list[] = {4, 3, 2, 1};

  sort(4, list);
  CU_ASSERT(list[0] == 1);
```

88 ｜ 第11章　C/C++

```
}
```

次のようにlaunch.jsonを記述する。

リスト11.3: .vscode/launch.json

```
{
  "version": "0.2.0",
  "configurations": [
    {
      // MacOSの場合
      "name": "(lldb) Launch cunit",
      // lldbを使う
      "type": "cppdbg",
      "request": "launch",
      "program": "${workspaceRoot}/a.out",
      "args": [],
      "stopAtEntry": false,
      "cwd": "${workspaceRoot}",
      "environment": [],
      "externalConsole": true,
      "preLaunchTask": "build cunit",
      "MIMode": "lldb"
    },
    {
      // Linuxの場合
      "name": "(gdb) Launch cunit",
      // gdbを使う
      "type": "cppdbg",
      "request": "launch",
      "program": "${workspaceRoot}/a.out",
      "args": [],
      "stopAtEntry": false,
      "cwd": "${workspaceRoot}",
      "environment": [],
      "externalConsole": true,
      "MIMode": "gdb",
      "preLaunchTask": "build cunit",
      "setupCommands": [
        {
          "description": "Enable pretty-printing for gdb",
          "text": "-enable-pretty-printing",
```

```
            "ignoreFailures": true
        }
      ]
    }
  ]
}
```

実行手順は次の通りである。

1．cunitをビルドする。

```
gcc bubble_sort.c bubble_sort_cunit.c -g -O0 -W -Wall -lcunit\
 -o a.out
```

2．デバッグにて、"Launch cunit"を開始する。

```
./a.out
***************** CUNIT CONSOLE - MAIN MENU *****************************
(R)un  (S)elect  (L)ist  (A)ctivate  (F)ailures  (O)ptions  (H)elp  (Q)uit
Enter command: R
```

3．新しいコンソールウィンドウが開き、cunitが実行されるため、Rを押し実行する。

11.6　実行ファイルのデバッグ

実行ファイルの場合のlaunch.jsonを次のように示す。

リスト11.4: .vscode/launch.json

```
{
  "version": "0.2.0",
  "configurations": [
    {
      // Windowsの場合
      "name": "(Windows) Launch Program",
      // VisualC++を使う
      "type": "cppvsdbg",
      "request": "launch",
      "program": "${workspaceRoot}/main.exe",
      "args": ["4","3","2","1" ],
      "stopAtEntry": false,
      "cwd": "${workspaceRoot}",
      "environment": [],
```

90 ｜ 第11章　C/C++

```
        "externalConsole": true
      }
      {
        // MacOSの場合
        "name": "(lldb) Launch Program",
        // lldbを使う
        "type": "cppdbg",
        "request": "launch",
        "program": "${workspaceRoot}/a.out",
        "stopAtEntry": false,
        "cwd": "${workspaceRoot}",
        "environment": [],
        "externalConsole": true,
        "MIMode": "lldb"
      },
      {
        // Linuxの場合
        "name": "(gdb) Launch Program",
        // gdbを使う
        "type": "cppdbg",
        "request": "launch",
        "program": "${workspaceRoot}/a.out",
        "stopAtEntry": false,
        "cwd": "${workspaceRoot}",
        "environment": [],
        "externalConsole": true,
        "MIMode": "gdb",
        "setupCommands": [
          {
            "description": "Enable pretty-printing for gdb",
            "text": "-enable-pretty-printing",
            "ignoreFailures": true
          }
        ]
      }
    ]
}
```

MacOS、Linuxの場合

1. `-g -O0`オプションを付けてビルドする。

```
gcc bubble_sort.c main.c -g -O0
```

2．デバッグで"launch Program"を実行する。

Windowsの場合

1．開発者コマンドプロンプトを起動し、/ZIのオプションを付けてコンパイルする。

```
cl main.c bubble_sort.c /ZI
```

2．デバッグで"(Windows) Launch Program"を実行する。

11.7　実行中プロセスへのアタッチ

実行中プロセスへのアタッチ方法を示す。まず、launch.jsonを次のように示す。Windowsについては動作を確認できなかったため、記載していない。

リスト11.5: .vscode/launch.json

```
{
  "version": "0.2.0",
  "configurations": [
    {
      // not working
      "name": "(Mac lldb) Attach",
      "type": "cppdbg",
      "request": "attach",
      "program": "${workspaceFolder}/main",
      "processId": "${command:pickProcess}",
      "MIMode": "lldb"
    },
    {
      "name": "(Linux gdb) Attach",
      "type": "cppdbg",
      "request": "attach",
      "program": "${workspaceFolder}/bubble_sort_cunit",
      "processId": "${command:pickProcess}",
      "MIMode": "gdb",
      "setupCommands": [
        {
          "description": "Enable pretty-printing for gdb",
          "text": "-enable-pretty-printing",
```

92　第11章　C/C++

```
          "ignoreFailures": true
        }
      ]
    }
  ]
}
```

ポイントは次の通りである。

・"processId":"$|command:pickProcess|"を指定すると、デバッグ実行時にプロセスを指定する選択肢
　が出現する。それを選ぶことで、そのプロセスにアタッチできる。

11.8　Windows Subsystem Linux(WSL)でのデバッグ

Windows10には、Windows Subsystem Linux（以降、WSL）というWindows上でLinuxを動か
す技術が入っている。Kubernetesなどのコンテナ技術を利用するためには、Linuxでプログラムを
動作させる必要があり、Windowsでコンパイルできなくともlinuxでコンパイル、及び動作させる
ことができれば十分な場合が多い。

Windowsから WSLのプログラムを動かし、デバッグする場合のlaunch.jsonを次のように示す。

リスト 11.6: .vscode/launch.json

```
{
  "version": "0.2.0",
  "configurations": [
    {
    {
      "name": "(Windows-wsl) Launch",
      "type": "cppdbg",
      "request": "launch",
      "program": "main",
      "args": [
        "4",
        "3",
        "2",
        "1"
      ],
      "stopAtEntry": false,
      "cwd": "/mnt/c/Users/nnyn/Documents/vscode-debug-specs/cpp",
      "environment": [],
      "externalConsole": true,
      "pipeTransport": {
        "debuggerPath": "/usr/bin/gdb",
```

第11章　C/C++　93

```
      "pipeProgram": "${env:windir}\\system32\\bash.exe",
      "pipeArgs": [
        "-c"
      ],
      "pipeCwd": ""
    },
    "sourceFileMap": {
      "/mnt/c/Users/nnyn/Documents/vscode-debug-specs/cpp":
        "${workspaceFolder}"
    },
    "setupCommands": [
      {
        "description": "Enable pretty-printing for gdb",
        "text": "-enable-pretty-printing",
        "ignoreFailures": true
      }
    ]
  }
 ]
}
```

ポイントは次の通りである。

・pipeTransportを用いて、WSLのbash.exeを呼び出す。

・cwd、sourceFileMapにWSLでのパスを記述する。

・externalConsole: trueを指定する（通常のコンソールでは文字化けする場合がある）

11.9　リモートマシン(Linux)でのデバッグ

　SSHを経由してリモートマシンのLinuxにログインし、そこでgdbプログラムを起動してデバッグを行う。このときのlaunch.jsonを次のように示す。

リスト11.7: .vscode/launch.json

```
{
  "version": "0.2.0",
  "configurations": [
    {
      "name": "(Mac to Linux)pipe transport",
      "type": "cppdbg",
      "request": "launch",
      "program": "/home/nnyn/Documents/vscode-debug-specs/cpp/main",
      "args": [
```

94　第11章　C/C++

```
          "4",
          "3",
          "2",
          "1"
      ],
      "stopAtEntry": false,
      "cwd": "/home/nnyn/Documents/vscode-debug-specs/cpp",
      "environment": [],
      "externalConsole": true,
      "pipeTransport": {
        "pipeCwd": "/usr/bin",
        "pipeProgram": "/usr/bin/ssh",
        "pipeArgs": [
          "nnyn@192.168.56.101"
        ],
        "debuggerPath": "sudo /usr/bin/gdb"
      },
      "sourceFileMap": {
        // "remote": "local"
        "/home/nnyn/Documents/vscode-debug-specs/cpp": "${workspaceFolder}"
      },
      "MIMode": "gdb"
  },
  {
      "name": "(Windows to Linux gdb) Pipe Launch",
      "type": "cppdbg",
      "request": "launch",
      "cwd": "${workspaceFolder}",
      "program": "/home/nnyn/vscode-debug-specs/main",
      "args": [
          "4",
          "3",
          "2",
          "1"
      ],
      "stopAtEntry": false,
      "pipeTransport": {
        "debuggerPath": "/usr/bin/gdb",
        "pipeProgram": "C:\\Program Files\\PuTTY\\plink.exe",
        "pipeArgs": [
          "nnyn@192.168.1.24",
```

第11章　C/C++　95

```
        "-i",
        "C:\\Users\\nnyn\\.ssh\\id_rsa.ppk"
      ],
      "pipeCwd": "/home/nnyn/vscode-debug-specs",
    },
    "MIMode": "gdb",
    "setupCommands": [
      {
        "description": "Enable pretty-printing for gdb",
        "text": "-enable-pretty-printing",
        "ignoreFailures": true
      }
    ],
    "sourceFileMap": {
      "/home/nnyn/vscode-debug-specs/cpp": "${workspaceFolder}"
    }
  },
  {
    "name": "(Linux to Linux gdb) Pipe Launch",
    "type": "cppdbg",
    "request": "launch",
    "program": "/home/nnyn/Documents/vscode-debug-specs/cpp/main",
    "args": [
      "4",
      "3",
      "2",
      "1"
    ],
    "stopAtEntry": false,
    "cwd": "/home/nnyn/Documents/vscode-debug-specs/cpp",
    "pipeTransport": {
      "debuggerPath": "/usr/bin/gdb",
      "pipeProgram": "/usr/bin/ssh",
      "pipeArgs": [
        "nnyn@192.168.56.101"
      ],
      "pipeCwd": ""
    },
    "MIMode": "gdb"
  }
]
```

```
}
```

ポイントは次の点である。

・program、cwdは、リモートでの環境をフルパスで記述する。

・pipeTransportに、sshコマンド(Windowsの場合はPutty[1]を用いる)、リモートのdebuggerPathを
　指定する。

・sourceFileMapにて、リモートとローカルのディレクトリーの対応を示す。

このプログラムをビルドする場合、リモートマシンにて次のようにビルドする。

```
cd /home/nnyn/Documents/vscode-debug-specs/cpp
gcc -O0 -g -W -Wall -o main bubble_sort.c main.c
```

そして、VSCode上でデバッグを開始すると、リモートで実行できる。

11.10　リモートマシン(Linux)へアタッチする

同様にpipeTransportを用いることで、リモートマシンにアタッチできる。

リスト11.8: .vscode/launch.json

```
{
  "version": "0.2.0",
  "configurations": [
    {
      "name": "(Mac to Linux)pipe transport attach",
      "type": "cppdbg",
      "request": "attach",
      "program": "/home/nnyn/Documents/vscode-debug-specs/cpp/bubble_sort_cunit",
      "processId": "21073",
      "pipeTransport": {
        "pipeCwd": "",
        "pipeProgram": "/usr/bin/ssh",
        "pipeArgs": [
          "nnyn@192.168.56.101"
        ],
        "debuggerPath": "sudo /usr/bin/gdb"
      },
      "sourceFileMap": {
        // "remote": "local"
        "/home/nnyn/Documents/vscode-debug-specs/cpp": "${workspaceFolder}"
```

1.https://www.putty.org/

```json
    },
    "MIMode": "gdb"
  },
  {
    "name": "(Windows to Linux gdb) Pipe attach",
    "type": "cppdbg",
    "request": "attach",
    "program": "/home/nnyn/Documents/vscode-debug-specs/cpp/bubble_sort_cunit",
    "processId": "19626",
    "pipeTransport": {
      "debuggerPath": "sudo /usr/bin/gdb",
      "pipeProgram": "/usr/bin/ssh",
      "pipeArgs": [
        "nnyn@192.168.1.24"
      ],
      "pipeCwd": ""
    },
    "MIMode": "gdb",
    "setupCommands": [
      {
        "description": "Enable pretty-printing for gdb",
        "text": "-enable-pretty-printing",
        "ignoreFailures": true
      }
    ]
  },
  {
    "name": "(Linux to Linux gdb) Pipe attach",
    "type": "cppdbg",
    "request": "attach",
    "program": "/home/nnyn/Documents/vscode-debug-specs/cpp/bubble_sort_cunit",
    "processId": "19626",
    "pipeTransport": {
      "debuggerPath": "sudo /usr/bin/gdb",
      "pipeProgram": "/usr/bin/ssh",
      "pipeArgs": [
        "nnyn@192.168.56.101"
      ],
      "pipeCwd": ""
    },
    "MIMode": "gdb",
```

```
    "setupCommands": [
      {
        "description": "Enable pretty-printing for gdb",
        "text": "-enable-pretty-printing",
        "ignoreFailures": true
      }
    ]
  },
 ]
}
```

・program、cwdは、リモート環境についてフルパスで記述する。

・pipeTransportに、sshコマンド、リモートのdebuggerPathを指定する。

・sourceFileMapにて、リモートとホストのディレクトリーの対応を示す。

・processIdに、リモートでのプロセスIDを直接記述する。$|processId|の場合、ローカルのプロセ
　ス一覧が表示されてしまう。

第12章 Python

12.1 Pythonとは

Pythonは科学計算系モジュールが多数あるためデータサイエンスの用途で使われたり、機械学習にも使われるオブジェクト指向のインタプリタ言語である。

Python3から引数に型情報をもたせることができるようになり、プログラムの信頼度も上がっている。

Pythonのモジュールのコードを次に示す。

リスト12.1: python/bubble_sort.py

```python
def bubble_sort(nums):
  for i in range(0, len(nums)):
    for j in range(0, len(nums) - i - 1):
      if nums[j] > nums[j + 1]:
        tmp = nums[j]
        nums[j] = nums[j + 1]
        nums[j + 1] = tmp
  return nums
```

12.2 デバッグ機能リスト

- ・OS別
  - —✓ MacOS
  - —✓ Windows
  - —✓ Linux
- ・ブレークポイント
  - —✓ 行ブレークポイント
  - —□ 関数(Function)ブレークポイント
  - —? 条件(Condition)ブレークポイント: 設定は可能であるが動作を確認できなかった。
  - —✓ 例外(Exception)ブレークポイント
  - —✓ 未キャッチ例外(Uncaught Exception)ブレークポイント
- ・ステップ実行
  - —✓ ステップオーバー(Step Over)
  - —✓ ステップイン(Step In)
  - —✓ ステップアウト(Step Out)

- ─ ✓ 続行 (Continue)
- ─ □ ステップバック (Step Back)
- ─ □ 逆行 (Reverse Continue)
- 変数
  - ─ ✓ 変数 (variables)
  - ─ ✓ ウォッチ式 (watch)
- コールスタック
  - ─ ✓ コールスタック
- 評価式
  - ─ ✓ 変数確認のための評価式の実行
  - ─ ✓ 変数変更のための評価式の実行
- 実行対象
  - ─ ✓ 単体テスト
  - ─ ✓ 実行ファイル
  - ─ ✓ 実行ファイル

12.3 環境構築

Pythonのランタイムのインストール手順については省略する。

開発環境では、PyenvとVirtualEnvを用いて、指定したバージョンのPythonをインストールし、さらにpipパッケージでインストールされるパッケージを、ワークスペースごとに隔離させる事が行われる。このF1キーを押下し、"Python: Select Workspace Interpreter"を選ぶことで、利用するPythonを選択することが可能である。

図12.1: Pythonインタプリタの選択

12.4 単体テスト (unittest) のデバッグ

Pythonには標準でunittestのモジュールが付属している。単体テストの作成例を次に示す。

リスト12.2: test_bubble_sort.py

```python
import unittest
import bubble_sort

class TestBubbleSort(unittest.TestCase):
  def test_bubble_sort(self):
    before = [4, 3, 2, 1]
    after = bubble_sort.bubble_sort(before)
    self.assertEqual([1, 2, 3, 4], after, "must be sorted")
```

コードレンズを使う場合

単体テストはコードレンズを使って行う。次に単体テストを認識させる手順を説明する。
まず、F1キーを押下し、"Python: Run Current Unit Test File"を選択する。

図12.2: Python: Run Current Unit Test File

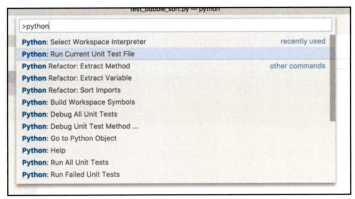

テストフレームワークが選択されていない旨のメッセージが表示されるため、"Enable and configure a Test Framework."を押下する。

図12.3: テストフレームワークが選択されていない旨のメッセージ

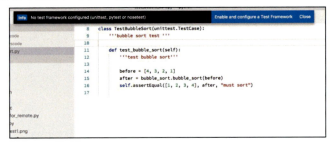

テストフレームワークの候補が表示されるため、適切なものを選択する。ここではPythonに付属するunittestを選択している。

図12.4: テストフレームワークの候補

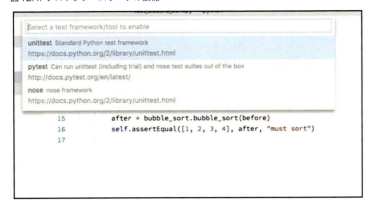

テストコードが格納されているディレクトリーを選択する。

図12.5: テストコードのディレクトリー選択

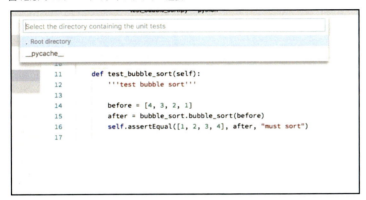

テストコードのファイル名の候補が表示されるため、適切なものを選択する。

図12.6: テストコードのファイル名の選択

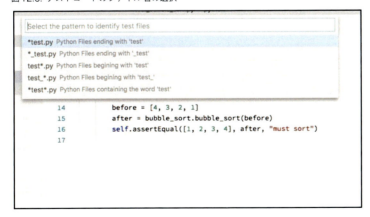

すると、該当テストコードに、コードレンズで単体テスト実行ボタンが表示される。

図12.7: コードレンズによる単体テストの実行ボタン

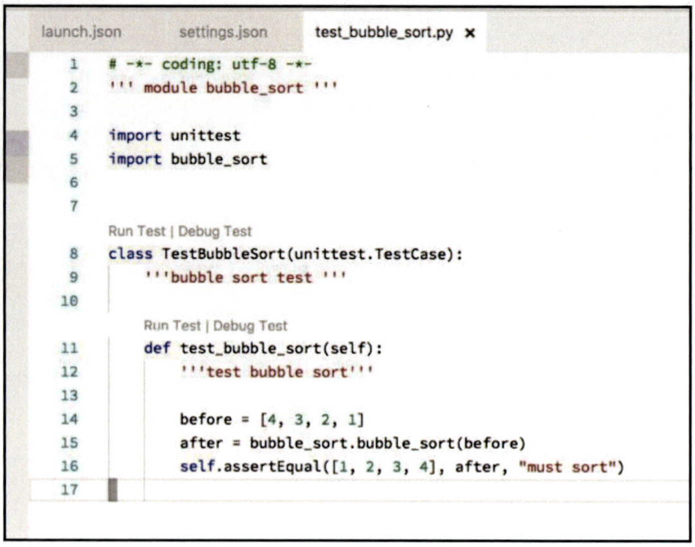

```
 launch.json      settings.json      test_bubble_sort.py ✕
   1  # -*- coding: utf-8 -*-
   2  ''' module bubble_sort '''
   3
   4  import unittest
   5  import bubble_sort
   6
   7
      Run Test | Debug Test
   8  class TestBubbleSort(unittest.TestCase):
   9      '''bubble sort test '''
  10
      Run Test | Debug Test
  11      def test_bubble_sort(self):
  12          '''test bubble sort'''
  13
  14          before = [4, 3, 2, 1]
  15          after = bubble_sort.bubble_sort(before)
  16          self.assertEqual([1, 2, 3, 4], after, "must sort")
  17
```

　しかし、この方法ではデバッグ実行の起動に失敗することがあった。その際は、VSCodeを再起動することで改めることが可能である。

launch.jsonを使う場合

　メニューから"Python:Python module"を選び、次のように編集し、テスト対象のメソッドを指定する。

リスト12.3: .vscode/launch.json

```
{
    "version": "0.2.0",
    "configurations": [
        {
            "name": "Python Module",
            "type": "python",
            "request": "launch",
            "stopOnEntry": true,
            "pythonPath": "${config:python.pythonPath}",
            "module": "unittest",
            "args": [
                // テストパッケージを記述する
                // 記述の仕方により範囲を選択できる
                // <ファイル名>
                // <ファイル名>.<クラス名>
                // <ファイル名>.<クラス名>.<メソッド名>
                "test_bubble_sort.TestBubbleSort.test_bubble_sort"
```

```
        ],
        "cwd": "${workspaceRoot}",
        "env": {},
        "envFile": "${workspaceRoot}/.env",
        "debugOptions": [
            "WaitOnAbnormalExit",
            "WaitOnNormalExit",
            "RedirectOutput"
        ]
    }
  ]
}
```

この方法ではデバッグの動作を確認できた。

12.5　実行ファイルのデバッグ

Pythonの実行ファイルの例を次に示す。

リスト12.4: bubble_sorter.py

```python
import sys
import bubble_sort

def main():
  if len(sys.argv) < 3:
    print("bubble_sorter.py n1 n2...")
    sys.exit(1)

  nums = []
  for item in sys.argv[1:]:
    nums.append(int(item))
  print(nums)
  nums = bubble_sort.bubble_sort(nums)
  print(nums)

if __name__ == "__main__":
  main()
```

メニューから"Python"を選び、次のProgramの箇所に実行するファイル名を記述する。

リスト12.5: .vscode/launch.json

```
{
  "version": "0.2.0",
  "configurations": [
  {
      "name": "Python",
      "type": "python",
      "request": "launch",
      "stopOnEntry": true,
      "pythonPath": "${config:python.pythonPath}",
      // 実行するプログラムを指定する
      "program": "bubble_sorter.py",
      // 開いているファイル名を使う場合には、以下とする
      //"program": "${file}",
      "cwd": "${workspaceRoot}",
      "env": {},
      "envFile": "${workspaceRoot}/.env",
      "debugOptions": [
        "WaitOnAbnormalExit",
        "WaitOnNormalExit",
        "RedirectOutput"
      ]
    }
  ]
}
```

12.6　リモートプロセスへのアタッチ

リモートの実行先で、ptvsdをインストールする。

```
pip install ptvsd
```

実行プログラムの冒頭に、リモートデバッグを開始するコードを追加する。my_secretはパスワード、0.0.0.0は接続許可ホスト、2345はポート番号である。

リスト12.6: リモートデバッグの開始

```
import ptvsd

ptvsd.enable_attach("my_secret", address=('0.0.0.0', 2345))
# アタッチするまで実行を待つ場合、以下を追加する
ptvsd.wait_for_attach()
```

リモートの実行先でプログラムを起動する。

```
python bubble_sorter_for_remote.py
```

次の通りlaunch.jsonを記述して、デバッグ実行を開始するとアタッチされる。

リスト12.7: .vscode/launch.json

```
{
  "version": "0.2.0",
  "configurations": [
    {
      "name": "Attach (Remote Debug)",
      "type": "python",
      "request": "attach",
      "localRoot": "${workspaceRoot}",
      "remoteRoot": "${workspaceRoot}",
      // リモートホスト名
      "host": "192.168.1.24"
      // リモートポート番号
      "port": 2345,
      // パスワード
      "secret": "my_secret",
    }
  ]
}
```

第13章　Ruby

13.1　Rubyとは

この章を執筆するに当たり、使用したRubyのバージョンは次のとおりである。

```
$ruby --version
ruby 2.5.1p57 (2018-03-29 revision 63029) [x86_64-darwin17]
```

今回用いたバブルソートのプログラムを示す。

リスト13.1: bubble_sort.rb

```
module BubbleSort

  # bubble sort
  def sort(list)
    for i in 0..list.length-2
      for j in 0..list.length-2-i
        if list[j] > list[j+1]
          tmp = list[j]
          list[j] = list[j+1]
          list[j+1] = tmp
        end
      end
    end
  end

  module_function :sort
end
```

筆者がRubyを苦手としているため、Rubyらしいコードになっていないと思われるがご容赦願いたい。

13.2　デバッグ機能リスト

・OS別
　—✓ MacOS
　—✓ Windows

- —✓ Linux
- ・ブレークポイント
  - —✓ 行ブレークポイント
  - —☐ 関数(Function)ブレークポイント
  - —☐ 条件(Condition)ブレークポイント
- ・ステップ実行
  - —✓ ステップオーバー(Step Over)
  - —✓ ステップイン(Step In)
  - —✓ ステップアウト(Step Out)
  - —✓ 続行(Continue)
  - —☐ ステップバック(Step Back)
  - —☐ 逆行(Reverse Continue)
- ・変数
  - —✓ 変数(variables)
  - —✓ ウォッチ式(watch)
- ・コールスタック
  - —✓ コールスタック
- ・評価式
  - —✓ 変数確認のための評価式の実行
  - —✓ 変数変更のための評価式の実行
- ・実行対象
  - —✓ 単体テスト
  - —✓ 実行ファイル
  - —✓ リモート

条件(Condition)ブレークポイントについては、設定可能であったが、動作することを確認できなかった。

13.3　環境構築

Ruby自体のインストール方法についてはここでは言及しない。ruby、gemコマンドが実行可能であるとする。

MacOS

次のgemをインストールする。

```
gem install ruby-debug-ide -v 0.6.0
gem install debase -v 0.2.1
```

VSCodeで拡張機能Rubyをインストールする。

Windows

MacOSと同じ

Linux(Ubuntu 18.04)

rubyパッケージの他に、次のパッケージをインストールする。

```
sudo apt install libruby ruby-dev
```

MacOSと同様のgem、及び拡張機能Rubyをインストールする。

Ruby 1.8.x、1.9.xを使用する場合

1.8.x、1.9.xを使用する場合には、異なるgemのインストールが必要である。詳細は拡張機能の wiki[1]を確認してほしい。

13.4 単体テストのデバッグ

標準のtest/unitを用いた単体テストのコードを次に示す。

リスト13.2: test_unit/test_bubble_sort.rb

```
require 'test/unit'
require_relative '../bubble_sort'

class BubbleSortTest < Test::Unit::TestCase

  def test_bubble_sort
  list = [4,3,2,1]
  BubbleSort.sort(list)
  assert_equal([1,2,3,4], list)
  end

end
```

これをデバッグするには、次の様に設定を記述する

リスト13.3: .vscode/launch.json

1.https://github.com/rubyide/vscode-ruby/wiki/1.-Debugger-Installation

```
{
  "version": "0.2.0",
  "configurations": [
    {
      "name": "Debug test/unit",
      "type": "Ruby",
      "request": "launch",
      "cwd": "${workspaceRoot}",
      "program": "${workspaceRoot}/test_bubble_sort.rb",
      "args":[
        "--name=test_bubble_sort"
      ]
    }
  ]
}
```

属性typeの値が、大文字で始めることに気をつける。

13.5　実行プログラムのデバッグ

今回のモジュールを実行するプログラムを示す。

リスト13.4: bin/bin.rc

```
require_relative '../bubble_sort.rb'

list = [4,3,2,1]
BubbleSort.sort(list)
print(list)
```

これをデバッグ実行するには、次の様に設定を記述する。

リスト13.5: .vscode/launch.json

```
{
  "version": "0.2.0",
  "configurations": [
    {
      "name": "Debug execute File",
      "type": "Ruby",
      "request": "launch",
      "cwd": "${workspaceRoot}",
      "program": "${workspaceRoot}/bin.rb"
```

```
    }
  ]
}
```

13.6　リモートプロセスへのアタッチ

前節の実行プログラムを実行しているリモートマシンへ接続し、デバッグを実行する。
まず、次の様に設定を記述する。

リスト13.6: .vscode/launch.json

```
{
  "version": "0.2.0",
  "configurations": [
    {
      "name": "Debug remote",
      "type": "Ruby",
      "request": "attach",
      "cwd": "${workspaceRoot}",
      "remoteHost": "192.168.1.24",
      "remotePort": "1234",
      "remoteWorkspaceRoot": "/home/nnyn/vscode-debug-specs/ruby"
    },
  ]
}
```

リモートマシンにおいて、rdebug-ideを用いて次の様に実行する。

```
rdebug-ide \
  --host 0.0.0.0\
  --port 1234\
  -- bin/bin.rb
```

VSCodeのデバッグを開始する。

第14章　Ruby on Rails

14.1　Ruby on Railsとは

　Ruby on Rails（以降、ROR）とは、Rubyを用いる有名なWebアプリケーションフレームワークである。Webアプリケーション、APIとして機能のほか、ORMapperなども付属する。

　デバッグ機能リストについては、Rubyの章を参照してほしい。

14.2　環境構築

　RORの開発の手順については本書では省略する。公式サイト[1]を確認してほしい。

14.3　ローカル環境でのデバッグ

　次のようにGemfileに、デバッグ用のパッケージを追加する。

リスト14.1: Gemfile

```
group :development do
  ...
  gem 'ruby-debug-ide'
  gem 'debase'
end
```

　追加したパッケージをインストールする。

```
bundle install
```

　次の様に設定を記述する。useBundler属性を追加するところがポイントである。

リスト14.2: .vscode/launch.json

```
{
  "version": "0.2.0",
  "configurations": [
    {
      "name": "launch Rails server",
      "type": "Ruby",
      "request": "launch",
```

1.https://rubyonrails.org/

```
      "cwd": "${workspaceRoot}",
      "program": "${workspaceRoot}/bin/rails",
      "args": [
        "server"
      ],
      "useBundler": true,
    }
  ]
}
```

このデバッグを実行すると、RORが立ち上がる。

14.4　リモートサーバーへのデバッグ

次のように設定を記述する。ポイントはcwdにローカルのパスを記述し、remoteWorkspaceRoot
にリモートサーバーのパスを指定する点である。

リスト14.3: .vscode/launch.json

```
{
  "version": "0.2.0",
  "configurations": [
    {
      "name": "attach remote Rails Server",
      "type": "Ruby",
      "request": "attach",
      "remoteHost": "192.168.1.24",
      "remotePort": "1234",
      "cwd": "${workspaceRoot}",
      "remoteWorkspaceRoot": "/home/nnyn/vscode-debug-spec/ruby_ror",
    }
  ]
}
```

リモートサーバーで、次のようにrdebug-ideを用いてRORを起動する。

```
bundle exec rdebug-ide \
  --host 0.0.0.0\
  --port 1234\
  -- ./bin/rails server
```

VSCodeでデバッグ実行を開始する。

第15章　PHP

15.1　PHPとは

　PHPはWebアプリケーションに特化したスクリプト言語である。オープンソースでは、WordPress、Drupal、MediaWiki、Moodleなど多くのWebアプリケーションに使われている。

　PHPで記述したモジュールを次に示す。このようにHTMLの中にサーバーで動作させるスクリプトを組み込むことができる。

リスト15.1: bubble_sort.php

```php
<?php
function bubble_sort($input){
  for($i=0;$i<count($input);$i++){
    for($j=0;$j<count($input)-1-$i;$j++){
      if($input[$j] > $input[$j+1]){
        $tmp = $input[$j];
        $input[$j] = $input[$j+1];
        $input[$j+1] = $tmp;
      }
    }
  }
  return $input;
}


$input_text="4 3 2 1";
$output_text="";
if( array_key_exists("input",$_GET) ){
  $input_text = $_GET["input"];
  $input = explode(" ",$input_text);
  for($i=0;$i<count($input);$i++){
    $input[$i] = (int)$input[$i];
  }
  $output = bubble_sort($input);
  for($i=0;$i<count($output);$i++){
    $output_text .= "$output[$i] ";
  }
}

?><!DOCTYPE html>
```

第15章　PHP　115

```
<html>
<body>
<form action="bubble_sort.php" method="get">
  <input type="text" name="input" size="50"
    value="<?php print($input_text); ?>"/>
  <input type="submit" value="sort"/>
</form>
<div><?php print($output_text); ?></div>
</body>
</html>
```

このスクリプトの実行画面は次のようになる。画面中のSortボタンを押すことで、入力されたテキストの数値がソートされて、入力欄の下に表示される。

図15.1: 画面

画面のSortボタンを押下した時、URLに入力したテキストが付加されて再アクセスされる。PHPはURLからその文字列を読み込み、ソートを行う。

15.2 デバッグ機能リスト

・OS別
　—✓ MacOS
　—✓ Windows
　—✓ Linux
・ブレークポイント

- ─✓ 行ブレークポイント
- ─✓ 関数(Function)ブレークポイント
- ─✓ 条件(Condition)ブレークポイント
- ─✓ 例外(Exception)ブレークポイント
・ステップ実行
- ─✓ ステップオーバー(Step Over)
- ─✓ ステップイン(Step In)
- ─✓ ステップアウト(Step Out)
- ─✓ 続行(Continue)
- ─□ ステップバック(Step Back)
- ─□ 逆行(Reverse Continue)
・変数
- ─✓ 変数(variables)
- ─✓ ウォッチ式(watch)
・コールスタック
- ─✓ コールスタック
・評価式
- ─✓ 変数確認のための評価式の実行
- ─✓ 変数変更のための評価式の実行
・実行対象
- ─✓ リモート

15.3　環境構築

PHPのデバッグでは、Xdebugというツールを利用する。MacOS、Windows、Linuxのそれぞれの環境での導入方法を記述する。

MacOS

MacOSにはPHP7.1とApacheがはじめからインストールされているが、それにXdebugを連携させることは難しい。ここでは、PHP-fpmというPHPを動かすサーバーを立ち上げ、nginxと連携させる方法を紹介する。

1．Homebrewを用いてPHP及びnginxインストールする。

```
brew install php@7.2 nginx
```

2．Xdebugをpeclを使ってインストールする。peclはphp@7.2に含まれている。

```
pecl install xdebug
```

第15章　PHP　117

3．PHPにて、Xdebugを有効になるように設定を書き換える。

リスト15.2: /usr/local/etc/php/7.2/php.ini

```
zend_extension="xdebug.so"
xdebug.remote_enable=1
xdebug.remote_autostart=1
xdebug.remote_port="9001"
xdebug.profiler_enable=0
xdebug.profiler_output_dir="/tmp"
xdebug.max_nesting_level=1000
xdebug.idekey = "PHPSTORM"
[PHP]
...
```

4．nginxがPHP-fpmを参照できるように、nginx.confを設定する。なお、今回はPHP-fpmはデフォルト設定を用いるため、使用するポート番号は9000になる。nginxの設定を示す。

リスト15.3: /usr/local/etc/nginx/nginx.conf

```
http {
  ...
  server {
    # ポート番号
    listen       8080;
    server_name  localhost;

    # ルートディレクトリー
    root /Users/nnyn/Documents/vscode-debug-specs/php;
    index   index.html index.php;

    ...

    # PHP-fpmの設定
    location ~ \.php$ {
      fastcgi_pass    127.0.0.1:9000;
      fastcgi_index   index.php;
      # ファイルパスをパラメータに渡す
      #fastcgi_param  SCRIPT_FILENAME  /scripts$fastcgi_script_name;
      fastcgi_param   SCRIPT_FILENAME  $document_root/$fastcgi_script_name;
      include         fastcgi_params;
    }
  }
}
```

118 | 第15章 PHP

5．nginx、PHP-fpm サーバーを起動する。

```
brew services start php@7.2
brew services start nginx
```

6．動作を確認するために、phpinfo()関数の画面を表示する。次のファイルを作成する。

リスト 15.4: phpinfo.php

```
<?php
phpinfo();
?>
```

7．http://localhost:8080/phpinfo.php にアクセスし、情報が表示されることと、Xdebug.remote_autostart が On になっていることを確認する。

Windows

Linux+Apache+MySQL+PHP を組み合わせた環境は LAMP 環境と呼ばれ、Web アプリケーションの構築ではよく使用される。このうち、Apache+MySQL+PHP をセットにした XAMPP というツールが有る。Windows での環境構築には、XAMPP を利用する。

1．XAMPP をダウンロード[1]し、インストールする。本書では、デフォルトの C:\xampp にインストールしたこととする。

2．XAMPP では、C:\xampp\htdocs が Web サーバーのルートディレクトリーになる。リスト 15.4 の phpinfo.php を C:\xampp\htdocs に置き、http://localhost/phpinfo.php にアクセスする。この Web ページのソースを開き、クリップボードにコピーする。

3．Xdebug のウィザードページ[2]にアクセスし、先ほどコピーした phpinfo.php のソースをペーストする。

4．"Analyse my phpinfo() output"をクリックし、表示された手順に従ってインストールする。

5．XAMPP のコントロールパネルから Apache を Restart する。

6．再度 phpinfo.php にアクセスし、Xdebug が有効になっていることを確認する。

Linux(Ubuntu 18.04)

PHP-fpm、nginx を用いて構築する。

1．パッケージマネージャーを用いて必要なソフトウェアをインストールする。

```
sudo apt install php php-fpm php-xdebug nginx
```

2．nginx の設定を、PHP-fpm を参照するように書き換える。

1.https://www.apachefriends.org/

2.https://xdebug.org/wizard.php

リスト15.5: /etc/nginx/sites-enabled/default

```
server {
  listen 80 default_server;
  listen [::]:80 default_server;

  ...

  # ルートディレクトリー
  root /home/nnyn/vscode-debug-specs/php;

  # PHP
  location ~ \.php$ {
    include snippets/fastcgi-php.conf;

    # PHP-fpmを参照する
    fastcgi_pass unix:/var/run/php/php7.0-fpm.sock;
  }
}
```

3．PHPでXdebugを有効にするよう、php.iniを書き換える

リスト15.6: /etc/php/7.2/fpm/conf.d/20-xdebug.ini

```
xdebug.remote_enable=1
xdebug.remote_autostart=1
xdebug.remote_port="9001"
xdebug.profiler_enable=0
xdebug.profiler_output_dir="/tmp"
xdebug.max_nesting_level=1000
xdebug.idekey = "PHPSTORM"
```

3．PHP-fpmとnginxサーバーを起動する。

```
sudo systemctl start php7.2-fpm.service
sudo systemctl start nginx.service
```

15.4　ローカルマシンのPHPへのアタッチ

次のようにlaunch.jsonを記述する。

リスト15.7: .vscode/launch.json

```
{
  "version": "0.2.0",
  "configurations": [
    {
      "name": "Listen for XDebug",
      "type": "php",
      "request": "launch",
      "port": 9000
    }
  ]
}
```

デバッグを開始後、PHPスクリプトにブレークポイントを設定し、アクセスすると、ステップ実行ができる。

15.5　リモートマシンのPHPへのアタッチ

リモートマシンへアタッチする場合、そのマシンのphp.iniにremote_hostが指定されている事が必要になる。次のようにphp.iniに追記する。

リスト15.8: php.ini

```
xdebug.remote_enable=1
xdebug.remote_autostart=1
xdebug.remote_port="9001"
xdebug.remote_host="0.0.0.0"
```

次のようにlaunch.jsonを記述する。

リスト15.9: .vscode/launch.json

```
{
  "version": "0.2.0",
  "configurations": [
    {
      "name": "attach remote XDebug",
      "type": "php",
      "request": "launch",
      // リモートマシンのIPアドレスを指定する
      "server": "192.168.1.24",
      "port": 9001,
      "pathMappings": {
        // リモートマシンのディレクトリーを指定する
```

第15章　PHP　　121

```
            "/home/nnyn/vscode-debug-specs/php": "${workspaceFolder}"
        }
    },
    ]
}
```

　デバッグを開始すると、リモートマシンへ接続される。

第16章 Java

16.1 Javaとは

Javaは Java 仮想マシン (JVM) 上で動作するオブジェクト指向言語である。金融などの業務では広く使われる。

Groovy、Scala、Kotlin など、Javaの代わりに JVM を環境として動作する言語が最近注目されているが、本章では Java についてのみ扱う。

VSCode 用の Java 拡張機能は2つ提供されているが、Microsoft よってリリースされた"Debugger for Java"の方が完成度が高い。本書では、"Debugger for Java"を扱う。

今回の依存性の解決には maven を用いた。最初のクラス、及びディレクトリーの生成は次の通り、mvn を用いて行った。

```
mvn archetype:generate -DgroupId=com.j74th.vscodedebugbook
-DartifactId=bubbleSorter
```

クラスの例を次に示す。

リスト16.1: src/main/java/com/j74th/vscodedebugbook/bubblesort/BubbleSort.java

```java
package com.j74th.vscodedebugbook.bubblesort;

public class BubbleSort {
  public void Sort(int[] list) {
    for (int i = 0; i < list.length - 1; i++) {
     for (int j = 0; j < list.length - 1 - i; j++) {
       if (list[j] >list[j + 1]) {
         int tmp = list[j];
         list[j] = list[j + 1];
         list[j + 1] = tmp;
       }
     }
    }
  }
}
```

16.2　デバッグ機能リスト

- ・Exception
  - —✓ MacOS
  - —✓ Windows
  - —✓ Linux
- ・ブレークポイント
  - —✓ 行ブレークポイント
  - —☐ 関数(Function)ブレークポイント
  - —✓ 条件(Condition)ブレークポイント
  - —✓ 例外(Exception)ブレークポイント
  - —✓ 未キャッチ例外(Uncaught Exception)ブレークポイント
- ・ステップ実行
  - —✓ ステップオーバー(Step Over)
  - —✓ ステップイン(Step In)
  - —✓ ステップアウト(Step Out)
  - —✓ 続行(Continue)
  - —☐ ステップバック(Step Back)
  - —☐ 逆行(Reverse Continue)
- ・変数
  - —✓ 変数(variables)
  - —✓ ウォッチ式(watch)
- ・コールスタック
  - —✓ コールスタック
- ・評価式
  - —✓ 変数確認のための評価式の実行
  - —☐ 変数変更のための評価式の実行
- ・実行対象
  - —✓ 単体テスト
  - —✓ 実行ファイル
  - —✓ リモート

16.3　環境構築

1．Java Development Kit(JDK)をインストールする。
2．環境変数JAVA_HOMEに、JDKのパスを設定する。
3．拡張機能"Debugger for Java"をインストールする。

16.4 単体テスト(junit)のデバッグ

junitのテストコードの例を示す。

リスト16.2: src/test/java/com/j74th/vscodedebugbook/bubblesort/BubbleSortTest.java

```java
package com.j74th.vscodedebugbook.bubblesort;

import junit.framework.Test;
import junit.framework.TestCase;
import junit.framework.TestSuite;

public class BubbleSortTest extends TestCase {

  public BubbleSortTest(String testName){
    super( testName );
  }

  public static Test suite()
  {
    return new TestSuite( BubbleSortTest.class );
  }

  public void testBubbleSort() {
    int[] list = new int[4];
    list[0] = 4;
    list[1] = 3;
    list[2] = 2;
    list[3] = 1;

    BubbleSort sorter = new BubbleSort();
    sorter.Sort(list);

    assertEquals(1,list[0]);
    assertEquals(2,list[1]);
    assertEquals(3,list[2]);
    assertEquals(4,list[3]);
  }
}
```

次の通り、launch.jsonを記述する。

第16章 Java | 125

リスト 16.3: .vscode/launch.json

```json
{
  "version": "0.2.0",
  "configurations": [
    {
      "type": "java",
      "name": "Test Debug (Launch)",
      "request": "launch",
      // junitのクラス
      "mainClass": "junit.textui.TestRunner",
      // 実行対象のテストクラス
      "args": "com.j74th.vscodedebugbook.bubblesort.BubbleSortTest"
    }
  ]
}
```

classPath属性を設定することもできるが、mavenによって作成したプロジェクトにおいては、このままでも動作した。

16.5　実行プログラムのデバッグ

次の通り実行プログラムを作成した。

リスト 16.4: src/main/java/com/j74th/vscodedebugbook/bubblesort/BubbleSorter.java

```java
package com.j74th.vscodedebugbook.bubblesort;

class BubbleSorter {
  public static void main(String[] args) {

    BubbleSort sort = new BubbleSort();

    int[] list = new int[args.length];
    for(int i=0; i < args.length; i++) {
      list[i] = Integer.parseInt(args[i]);
    }
    sort.Sort(list);
    for(int i=0; i < list.length; i++) {
      System.out.print(list[i]);
      System.out.print(" ");
    }
    System.out.println("");
```

```
      }
  }
```

このプログラムをデバッグするためには、次の通り launch.json を記述する。

リスト 16.5: .vscode/launch.json

```
{
  "version": "0.2.0",
  "configurations": [
    {
      "type": "java",
      "name": "Debug (Launch)",
      "request": "launch",
      "mainClass": "com.j74th.vscodedebugbook.bubblesort.BubbleSorter",
      "args": "4 3 2 1"
    }
  }
}
```

16.6 リモートプロセスへのアタッチ

次のように launch.json を記述する。

リスト 16.6: .vscode/launch.json

```
{
  "version": "0.2.0",
  "configurations": [
    {
      "type": "java",
      "name": "Debug (Attach)",
      // attach を指定する
      "request": "attach",
      // 接続先ホストとポートを指定する
      "hostName": "192.168.1.24",
      "port": 5005
    }
  }
}
```

デバッグを開始するにはm、次のようにデバッグのオプションを付与して、javaを起動する。
suspend=yをつけることで、アタッチするまで開始を遅らせることもできる。

第 16 章　Java　127

```
java -cp target/classes -Xdebug \
  -Xrunjdwp:transport=dt_socket,server=y,address=8000,suspend=y \
  com.j74th.vscodedebugbook.bubblesort.BubbleSorter 4 3 2 1
```

第17章　C# (.NET Core)

17.1　C#、.NET Coreとは

　.NET CoreはMicrosoftの.NET Frameworkのランタイムが、マルチプラットフォーム対応して、MITライセンスになったものである。まだ最適化が済んでいない機能もあるが、ほとんどの機能がLinux、MacOSでも動作する。現状は今までの.NET Frameworkと共存しているが、いずれはすべて.NET Coreに置き換えていくと考えられる。プロジェクトファイルは、.NET Coreが1.0の時はJSONファイルであったが、2.0辺りからXMLに戻っている。最近は動作も安定してきたとの声が聞かれる。

　.NET Coreでは、VisualBasicとC#をサポートしている。本章ではC#のみを扱う。

　当初はMicrosoftの製品であるにも関わらずWindows環境だけデバッグが実行できない状態もあったが、現在は全てのプラットフォームでデバッグが可能になった。

　C#のプログラムを次のように示す。

リスト17.1: BubbleSort/BubbleSorter.cs

```csharp
using System;
using System.Collections;
using System.Collections.Generic;

namespace BubbleSort
{
  public class Sorter
  {
    public void Sort(IList<int> list)
    {
      for (var i = 0; i < list.Count; i++)
      {
        for (var j = 0; j < list.Count - i - 1; j++)
        {
          if (list[j].CompareTo(list[j + 1]) > 0)
          {
            var tmp = list[j];
            list[j] = list[j + 1];
            list[j + 1] = tmp;
          }
        }
      }
```

```
      }
    }
}
```

17.2　デバッグ機能リスト

・OS別
  —✓ MacOS
  —✓ Windows
  —✓ Linux
・ブレークポイント
  —✓ 行ブレークポイント
  —□ 関数(Function)ブレークポイント
  —✓ 条件(Condition)ブレークポイント
  —✓ 例外(Exception)ブレークポイント
  —✓ 未キャッチ例外(Uncaught Exception)ブレークポイント
・ステップ実行
  —✓ ステップオーバー(Step Over)
  —✓ ステップイン(Step In)
  —✓ ステップアウト(Step Out)
  —✓ 続行(Continue)
  —□ ステップバック(Step Back)
  —□ 逆行(Reverse Continue)
・変数
  —✓ 変数(variables)
  —✓ ウォッチ式(watch)
・コールスタック
  —✓ コールスタック
・評価式
  —✓ 変数確認のための評価式の実行
  —✓ 変数変更のための評価式の実行
・実行対象
  —✓ 単体テスト
  —✓ 実行ファイル
  —✓ リモート

17.3 環境構築

1. .NET Core をインストールする[1]
2. 拡張機能 C#[2]をインストールする
3. VSCodeでC#のコードを開く（必要な追加ソフトウェアがインストールされる）

17.4 単体テスト(XUnit)のデバッグ

XUnitの単体テストコードの例を示す。

リスト17.2: BubbleSortTest/TestSort.cs

```
using System;
using BubbleSort;
using System.Collections.Generic;
using Xunit;

namespace BubbleSortTest
{
  public class TestSort
  {
    [Fact]
    public void Test1()
    {
      var sorter = new BubbleSort.Sorter();
      var list = new List<int>();
      list.Add(4);
      list.Add(3);
      list.Add(2);
      list.Add(1);
      sorter.Sort(list);
      Assert.Equal(1, list[0]);
      Assert.Equal(2, list[1]);
      Assert.Equal(3, list[2]);
      Assert.Equal(4, list[3]);
    }
  }
}
```

実行の仕方を次のように示す。

1.https://dotnet.github.io/

2.https://marketplace.visualstudio.com/items?itemName=ms-vscode.csharp

1. XUnitのコードを開く。
2. "Required assets to build and debug are missing from …"のメッセージに対して、Yesを選択する。すると、コードレンズにデバッグボタンが表示される。

図17.1: XUnitのコードレンズのデバッグボタン

```csharp
using System;
using BubbleSort;
using System.Collections.Generic;
using Xunit;

namespace BubbleSortTest
{
    0 references
    public class TestSort
    {
        [Fact]
        0 references | run test | debug test
        public void Test1()
        {
            var sorter = new BubbleSort.Sorter();
            var list = new List<int>();
            list.Add(4);
            list.Add(3);
            list.Add(2);
            list.Add(1);
            sorter.Sort(list);
            Assert.Equal(1, list[0]);
            Assert.Equal(2, list[1]);
            Assert.Equal(3, list[2]);
```

17.5 実行プログラムのデバッグ

プロジェクトのディレクトリーを直接VSCodeで開く方法

1. *.csprojファイルのあるディレクトリーを直接VSCodeで開く。
2. C#のコードのどれかを開く。
3. "Required assets to build and debug are missin from …"のメッセージに対してYesを選ぶ。
4. launch.jsonに新しい設定が追加されているため、その設定でデバッグを開始する。

プロジェクトのディレクトリーがサブディレクトリーの場合の方法

launch.jsonを次のように記述する。

リスト17.3: .vscode/launch.json

```json
{
  "version": "0.2.0",
  "configurations": [
  {
    "name": ".NET Core Launch (console)",
```

132 | 第17章 C# (.NET Core)

```
    "type": "coreclr",
    "request": "launch",
    // テストのDLLを指定する
    "program": "${workspaceRoot}/BubbleSorter/bin/Debug/netcoreapp2.0/
        BubbleSorter.dll",
    // プロジェクトのディレクトリーを指定する
    "cwd": "${workspaceRoot}/BubbleSorter",
    "console": "internalConsole",
    "stopAtEntry": false,
    "internalConsoleOptions": "openOnSessionStart"
  }
  ]
}
```

17.6　ASP.NET Coreのデバッグ

　ここではASP.NET Core WebAPIでのデバッグ方法を示す。これはRazorを使うASP.NET WebAppでも同様である。

　ASP.NET Core WebAPIのプロジェクトを作成するには、次のコマンドを実行する。

```
dotnet new webapi -o BubbleSorterAPI
```

　本書ではControllerにBubbleSortを呼び出すAPIを記述した。次の記述で、http://localhost/api/BubbleSortに、文字列をポストするとソートされた結果が返却される。

リスト17.4: BubbleSorterAPI/Controllers/BubbleSortController.cs

```
~
namespace BubbleSorterAPI.Controllers
{
  [Route("api/[controller]")]
  public class BubbleSortController : Controller
  {
    // POST api/BubbleSort
    [HttpPost]
    public string Post([FromBody]string input)
    {
      var args = input.Split(" ");
      var list = new List<int>();
      foreach (var arg in args)
```

第17章　C# (.NET Core)　133

```
    {
      list.Add(int.Parse(arg));
    }

    var sorter = new Sorter();
    sorter.Sort(list);

    var output = "";
    foreach (var n in list)
    {
      output += n.ToString() + " ";
    }
    return output;
   }
  }
}
```

このAPIを呼び出すページを次の通り作成する。

リスト17.5: BubbleSorterAPI/wwwroot/index.html

```html
<!DOCTYPE html>
<html>
<body>
  <input type="text" id="input" size="20" value="4 3 2 1" />
  <input type="button" value="Sort" onclick="submit()" />
  <div id="output"></div>
  <script>
    function submit() {
      const input = document.querySelector("#input").value;
      const xhr = new XMLHttpRequest();
      xhr.open("POST", "./api/BubbleSort");
      xhr.setRequestHeader("Content-Type","application/json");
      xhr.onloadend = (e)=>{
        document.querySelector("#output").innerHTML = xhr.responseText;
      };
      xhr.send('"'+input+'"');
    }
  </script>
</body>
</html>
```

このページは、次のように、数値の入力欄とボタンを持ち、ボタンを押すとAPIにアクセスして結果をボタンの下に表示する。

図17.2: APIにアクセスするWebページ

なお、webapi作成直後は、wwwrootディレクトリーの静的ファイルが有効ではないため、次のコードを追加する。

リスト17.6: csharp/BubbleSorterAPI/Startup.cs

```
~
public void Configure(IApplicationBuilder app, IHostingEnvironment env)
{
  if (env.IsDevelopment())
  {
    app.UseDeveloperExceptionPage();
  }
  // 以下を追加
  app.UseStaticFiles();

  app.UseMvc();
}
~
```

このデバッグを行うlaunch.jsonを示す。
デバッグ追加のメニューから".NET: launch a local .NET Core Web App"を選び、次のコメントの箇所のみを書き換えることもできる。

リスト17.7: .vscode/launch.json

```
{
  "version": "0.2.0",
  "configurations": [
    {
      "name": ".NET Core Launch (web)",
      "type": "coreclr",
      "request": "launch",
```

```
    // WebAPI のプロジェクトの DLL を指定する
    "program": "${workspaceRoot}/BubbleSorterAPI/bin/Debug/netcoreapp2.0/
        BubbleSorterAPI.dll",
    "args": [],
    // WebAPI のプロジェクトのルートディレクトリーを示す
    "cwd": "${workspaceRoot}/BubbleSorterAPI",
    "stopAtEntry": false,
    "launchBrowser": {
      "enabled": true,
      "args": "${auto-detect-url}",
      "windows": {
        "command": "cmd.exe",
        "args": "/C start ${auto-detect-url}"
      },
      "osx": {
        "command": "open"
      },
      "linux": {
        "command": "xdg-open"
      }
    },
    "env": {
      "ASPNETCORE_ENVIRONMENT": "Development"
    }
  }
  ]
}
```

デバッグを実行すると Web サーバーが起動する。`http://localhost:5000/index.html`にブラウザでアクセスすることができ、かつデバッグが可能になる。

17.7　リモートプロセスへのアタッチ

.NET Core でリモートホストのプロセスにアタッチするには、ssh 接続を経由して vsdbg を実行する。この vsdbg はリモートホストにインストールする必要がある。また、ssh 接続は、公開鍵認証などのパスワード入力が不要な接続である必要がある。パスワード認証が必要な場合については後述のトラブルシューティングに記載している。

vsdbg をインストールするためには、リモートホストで次のコマンドを実行する。この場合、`~/vsdbg/vsdbg`にインストールされる。

```
curl -sSL https://aka.ms/getvsdbgsh | bash /dev/stdin -v latest -l ~/vsdbg
```

　本書では、先のWebAPIをリモートホストで実行し、そのプロセスにアタッチしてデバッグを行う例を扱う。コンソールアプリでも同様の方法で可能である。また、ソースコードはリモートホストでビルドしたとする。

　リモートプロセスにアタッチするためのlaunch.jsonを次のように示す。

リスト17.8: .vscode/launch.json

```
{
  "version": "0.2.0",
  "configurations": [
    {
      "name": ".NET Core remote Attach",
      "type": "coreclr",
      "request": "attach",
      "processId": "${command:pickRemoteProcess}",
      "sourceFileMap": {
        // VSCode を実行しているディレクトリーと、
        // リモートホストでビルドしたソースコードのマッピングを記述する。
        // "リモートホストのルート": "ローカルのルート"
        "/home/nnyn/vscode-debug-specs/csharp": "/Users/nnyn/Documents/
            vscode-debug-specs/csharp"
      },
      "pipeTransport": {
        "pipeCwd": "${workspaceRoot}",
        "pipeProgram": "ssh",
        // リモートホストへのSSHのパラメータ
        "pipeArgs": [ "-T", "nnyn@192.168.64.6" ],
        // リモートホストのvsdbgのインストール先
        "debuggerPath": "~/vsdbg/vsdbg"
      }
    }
  ]
}
```

　DLL内に格納されているソースコードとのマッピングには、ビルドしたディレクトリーが記載されている。そのため、リモートホストでソースコードをビルドした場合、そのパスとVSCodeを開いているルートディレクトリーのマッピングを記述する必要がある。

　デバッグを実行するには、まずリモートホストでWebAPIを起動する。

第17章　C# (.NET Core)　137

```
ssh nnyn@192.168.64.6
cd vscode-debug-specs/csharp/BubbleSorterAPI
dotnet run
```

この状態で、デバッグを開始する。すると、プロセスを選択する画面になる。ここで、dotnet execで始まるプロセスを選択する。

図17.3: リモートプロセスの選択

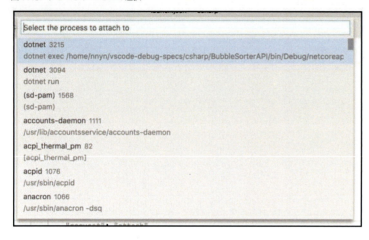

アタッチが完了し、ブレークポイントが有効な状態になる。

トラブルシューティング

ssh接続でパスワード認証を行う必要がある場合

あまり良い方法ではないが、sshpassを用いてパスワード入力を回避することもできる。MacOSではhomebrewを用いてインストール可能である。

```
brew install hudochenkov/sshpass/sshpass
```

launch.jsonを次のように書き換えることで、パスワード認証のホストに対しても実行できる。

リスト17.9: launch.json抜粋

```
"pipeTransport": {
  "pipeCwd": "${workspaceRoot}",
  // sshpassに書き換える
  "pipeProgram": "sshpass",
  // リモートホストへのSSHのパラメータ
  "pipeArgs": [ "-p","yourpassword","ssh","-T", "nnyn@192.168.64.6" ],
  "debuggerPath": "~/vsdbg/vsdbg"
}
```

Unable to open ...cs : File Not Found と表示される場合

アタッチに成功し、ブレークポイントを設定して、実行したところで、次のようなエラーメッセージが出ることがある。

図17.4: エラーメッセージ

ブレークポイントの設定には成功したが、ブレークポイントで停止した箇所で対応するファイルの発見に失敗した場合、このメッセージが表示される。（対応するファイルの発見に失敗したにも関わらず、ブレークポイントの設定に成功しているのは不可解ではある）

この場合、メッセージに表示されているパスを確認し、launch.json の SourceMap の対応を修正する。

その他注意すべき点は、実行しているリモートホストと、ビルドを行ったマシンが異なる場合、ビルドを行ったマシンのパスの情報が DLL に含まれるため、sourceFileMap にビルドを行ったマシンのパスを記述する必要がある。

第18章　Bash: シェルスクリプト

18.1　Bash、シェルスクリプトとは

BashはどのLinuxにも搭載されているシェルである。Unixシェル上で動作させるスクリプトのことをシェルスクリプトと呼ぶ。多くのシェルスクリプトは、/bin/shではなく、/bin/bash、つまりBashを対象に記述されている事が多い。Windowsでシェルスクリプトを動作させるにはCygwinが用いられてきたが、Windows10にはWindows Subsystem Linux（以降、WSL）でBashを動作させる事ができるようになった。本章ではWSLを用いる。

Bashのデバッガに、bashdb[1]がある。これをVSCodeから利用可能にする拡張機能[2]が公開されている。これを利用してデバッグを行う。

バブルソートを行うシェルスクリプトを次のように示す。デバッグの利便性のため、スクリプトの一部を展開して多くの変数を使って実装している。

リスト18.1: bubbleSort.sh

```bash
#!/bin/bash

function bubble_sort() {
  list=()
  for x in ${@}
  do
    list+=(${x})
  done

  i=0
  while [ ${i} -lt ${#list[*]} ]
  do
    jMax=`expr ${#list[*]} - ${i} - 1`
    j=0
    while [ ${j} -lt ${jMax} ]
    do
      jp=`expr $j + 1`
      left=${list[${j}]}
      right=${list[${jp}]}
      if [ $left -ge $right ] ; then
```

1.BASH Debuggerhttp://bashdb.sourceforge.net/

2.https://marketplace.visualstudio.com/items?itemName=rogalmic.bash-debug

140　　第18章　Bash: シェルスクリプト

```
        list[$j]=$right
        list[$jp]=$left
     fi
     j=`expr $j + 1`
   done
   i=`expr $i + 1`
 done
 echo ${list[@]}
}


bubble_sort ${@}
```

18.2 デバッグ機能リスト

・OS別
　　―✓ MacOS
　　―□ Windows（動作を確認できなかった）
　　―✓ Linux
・ブレークポイント
　　―✓ 行ブレークポイント
　　―□ 関数(Function)ブレークポイント
　　―□ 条件(Condition)ブレークポイント
　　―□ 例外(Exception)ブレークポイント
・ステップ実行
　　―✓ ステップオーバー(Step Over)
　　―✓ ステップイン(Step In)
　　―✓ ステップアウト(Step Out)
　　―✓ 続行(Continue)
　　―□ ステップバック(Step Back)
　　―□ 逆行(Reverse Continue)
・変数
　　―✓ 変数(variables)
　　―✓ ウォッチ式(watch)
・コールスタック
　　―✓ コールスタック
・評価式
　　―✓ 変数確認のための評価式の実行
　　―✓ 変数変更のための評価式の実行

第18章　Bash: シェルスクリプト | 141

・実行対象

  —✓ 実行ファイル

  —□ リモート

18.3　環境構築

1．拡張機能Bash Debugをインストールする。

2．bashdbをインストールする。

MacOS

1．Homebrewを用いて、BashDBをインストールする。

```
brew install bashdb
```

2．拡張機能Bash Debugをインストールする。

Linux(Ubuntu 18.04)

1．パッケージマネージャーでBashDBをインストールする。

```
sudo apt update
sudo apt install bashdb
```

2．拡張機能Bash Debugをインストールする。

Windows

1．Windowsストアから、Ubuntuをインストールする[3]。

2．Ubuntuを起動し、パッケージマネージャーでBashDBをインストールする。

```
sudo apt update
sudo apt install bashdb
```

3．拡張機能Bash Debugをインストールする。

18.4　実行ファイルのデバッグ

launch.jsonを次のように示す。Windowsの場合WSLのUbuntu上で動作する。

3.https://www.microsoft.com/ja-jp/p/ubuntu/9nblggh4msv6

リスト18.2: .vscode/launch.json

```json
{
  "version": "0.2.0",
  "configurations": [
    {
      "name": "Bash-Debug (hardcoded script name)",
      "type": "bashdb",
      "request": "launch",
      "cwd": "${workspaceFolder}",
      "program": "${workspaceFolder}/bubbleSort.sh",
      "args": [
        "4", "3", "2", "1"
      ]
    }
  ]
}
```

おわりに

　本書の執筆のために、ひたすらVSCodeのデバッグの性能について調査した。VSCodeのデバッグ機能は見た目ほど簡単には動かがない多い。デバッグを開始しても画面には無反応であることも多かった。しかし、一度.vscode/launch.jsonに記述してプッシュすれば、共同開発者の皆がデバッグが可能になる非常に心強いツールである。もしうまく動作しなければ、本書のサンプルコードをgit cloneして、そこで動作するかどうか是非試してみてほしい。

　本書を執筆する上で、デバッグ機能の動作を確認できなかった言語、機能も多い。追加情報については、今後もGitHub[1]に公開する予定なので、参照してほしい。

1.https://github.com/74th/vscode-debug-specs

著者紹介

森下 篤（もりもと あつし）

システムアーキテクト。鳥好き。Vimを中心に生きてきたが、人に遠慮せず勧められるエディターを求めてVSCodeにたどり着く。Go、TypeScript、Pythonでご飯を食べている。VSCode用のVimエミュレートプラグインVimStyleを開発し公開している。拡張機能で一番乗りにリリースしたのに、ダウンロード数で他のプラグインに抜かれてしまうが、それでもGitHubのスターが増え続け、使う人がいるということは何か気にいる点があるのだろうと開発をゆっくりと続けている。VSCodeはハイコントラストのテーマを好む。twitter: @74th github: @74th

◎本書スタッフ
アートディレクター/装丁：岡田章志＋GY
デジタル編集：栗原 翔

〈表紙イラスト〉
ウエノ ミオ
本業はフロントエンドエンジニアなイラストレーター。可愛い系のキャラクターイラストから漫画調のイラストまで雑食に描きます。イラストのご依頼等はサイトのフォームかTwitterのDMからご連絡ください。
Web: https://cre30r0ad.wixsite.com/mt-yoroduya
Twitter: https://twitter.com/mio_U_M

技術の泉シリーズ・刊行によせて

技術者の知見のアウトプットである技術同人誌は、急速に認知度を高めています。インプレスR&Dは国内最大級の即売会「技術書典」（https://techbookfest.org/）で頒布された技術同人誌を底本とした商業書籍を2016年より刊行し、これらを中心とした『技術書典シリーズ』を展開してきました。2019年4月、より幅広い技術同人誌を対象とし、最新の知見を発信するために『技術の泉シリーズ』へリニューアルしました。今後は「技術書典」をはじめとした各種即売会や、勉強会・LT会などで頒布された技術同人誌を底本とした商業書籍を刊行し、技術同人誌の普及と発展に貢献することを目指します。エンジニアの"知の結晶"である技術同人誌の世界に、より多くの方が触れていただくきっかけになれば幸いです。

株式会社インプレスR&D
技術の泉シリーズ　編集長 山城 敬

●お断り
掲載したURLは2018年11月1日現在のものです。サイトの都合で変更されることがあります。また、電子版ではURLにハイパーリンクを設定していますが、端末やビューアー、リンク先のファイルタイプによっては表示されないことがあります。あらかじめご了承ください。
●本書の内容についてのお問い合わせ先
株式会社インプレスR&D　メール窓口
np-info@impress.co.jp
件名に『『本書名』問い合わせ係」と明記してお送りください。
電話やFAX、郵便でのご質問にはお答えできません。返信までには、しばらくお時間をいただく場合があります。なお、本書の範囲を超えるご質問にはお答えしかねますので、あらかじめご了承ください。
また、本書の内容についてはNextPublishingオフィシャルWebサイトにて情報を公開しております。
https://nextpublishing.jp/

●落丁・乱丁本はお手数ですが、インプレスカスタマーセンターまでお送りください。送料弊社負担 てお取り替えさせていただきます。但し、古書店で購入されたものについてはお取り替えできません。

■読者の窓口
インプレスカスタマーセンター
〒101-0051
東京都千代田区神田神保町一丁目105番地
TEL 03-6837-5016／FAX 03-6837-5023
info@impress.co.jp

■書店／販売店のご注文窓口
株式会社インプレス受注センター
TEL 048-449-8040／FAX 048-449-8041

技術の泉シリーズ
Visual Studio Codeデバッグ技術

2018年12月7日　初版発行Ver.1.0（PDF版）
2019年4月5日　Ver.1.1

著　者　森下 篤
編集人　山城 敬
発行人　井芹 昌信
発　行　株式会社インプレスR&D
　　　　〒101-0051
　　　　東京都千代田区神田神保町一丁目105番地
　　　　https://nextpublishing.jp/
発　売　株式会社インプレス
　　　　〒101-0051　東京都千代田区神田神保町一丁目105番地

●本書は著作権法上の保護を受けています。本書の一部あるいは全部について株式会社インプレスR&Dから文書による許諾を得ずに、いかなる方法においても無断で複写、複製することは禁じられています。

©2018 Atsushi Morimoto. All rights reserved.
印刷・製本　京葉流通倉庫株式会社
Printed in Japan

ISBN978-4-8443-9862-2

NextPublishing®

●本書はNextPublishingメソッドによって発行されています。
NextPublishingメソッドは株式会社インプレスR&Dが開発した、電子書籍と印刷書籍を同時発行できるデジタルファースト型の新出版方式です。https://nextpublishing.jp/